家庭叢書

家常衛生烹調指南

胡華封編

商務印書館發行

凡例

一、本書專爲指導家庭中之未習烹調者發言，凡日常飲食以及清潔衞生之重要意旨，均無不詳細陳述，因以指南二字殿之，以便閱者之助，而對於善治烹調之人，得此而閱之，藉以參考者正多也。

一、本書凡分六部，計三百餘種。以物類分別節述之。大凡家常食品，普通筵點，已足取用有餘。若能觸類旁引，左右尋源，則美味時鮮，果我口腹，非但爲主饋者之寶筏，亦人生不可少之智慧也。

一、每種分五項敍述，首標題及大意，次料物，次器具，次法則，次附說。

一、凡初次所述食品，對該物之出產地點，及其形狀如何，性質如何，生殖時間，成熟時期，分類說明，以便從事者因人之嗜好而施，及享食者因物而取；既合口胃，且重衞生，本書俱酌要說明，儘人選擇。

一、器具中如鍋，如爐灶，爲烹飪者必需之品，凡日常所見者，本書概從簡略。

一、法則內如手續簡便者，則一氣直述。如手續複雜者，則以數目如（一）（二）……爲次序。

一、附說一項，爲該製品中之所不及而重要者，特補充之。

一、西洋食品著者實無經驗之可言，引爲憾事。而所附西訣，採自聞問。本書列入，爲中西菜蔬之比較，使領略其大概耳。

一、食事千變，種類萬門，勢難盡述。而著者又固執成見，非親歷或面驗者，均不敢造次執筆，自欺欺人。此後倘有增益，更當繼續補充，以歸完善。

家常衛生烹調指南

目錄

帶　炒雞鴨雜

五　植物菜蔬之各種作法

家常衛生烹調指南

一　總論

飲食概述

在人生之生活必需品中，除空氣及水外，最不可缺少者爲食物。而食物之要者，必須合於胃臟之容易消化，適於口味又富於滋養料者，具備此等條件之食物，吾人不可不加以研究，應視爲有重大之意義而注意之。故烹調之道，非僅得一知之長，亦人生不可少之常識也。

食品之選擇

人之身體有寒熱，胃臟有強弱，嗜好人所同情，五味從我所欲，物品之選擇與配合，互有異同，勢難執一；如此物為甲所好者，未必即為乙之所好也。又或少年壯年時之所好，至長年老年而變換者。亦有喜新棄舊，花樣迭出者。何去何從，應時配製，其能手此編而道之，當可從心所欲。

因嗜好之不同，故食品之種類甚夥，千變萬化，難盡其窮；然欲求合於口味、消化、滋養……數者畢具，且能調中西於一爐，非老於此者不能也。

如烹飪得宜，則肥鮮固可適口，淡薄亦堪下咽，既不假手於人，津津自樂其味，既合養生，且講經濟。

食器之使用

烹飪之關於吾人，既有上述之必要。故其佐理之器具，自當預備妥善。如刀之宜快也，砧板之宜厚而堅也，以及勺、漏、鏟、瓢……等之宜輕妙靈敏而牢固也；而尤有要者，為鍋與爐灶之善惡，與夫火候之緩急，在在均相聯貫，故鍋之厚薄大小，爐灶之高低淺深，均須講求而多購備。若火候失宜，則氣味必因之差累，所以何者用緩火，——或稱文火——慢火——何者用急火，—

——或稱武火——不可不留意而善察之。

至於盛食之盆碗等器，不論爲金爲磁爲竹木，均以整齊清潔爲要；有缺裂者不之用此卽諺所謂美食不如美器之謂乎。而大小之度，宜視所盛食物爲比例，不可食物多而盆碗少，寧可盆碗大而食物少也。此關切於美觀，與夫裝陳之靈巧，庶免漫爛之譏焉。

黴菌之預防

烹飪者能作美食，別善惡，則固尚矣。然於此更有一重大之問題，從事者宜刻刻顧及；則食物之清潔與汚穢。然汚穢之物，人未有食之者，何必於此言之？惟本書之所謂汚穢，非一般之汚穢，乃目力所不能見之微生菌也。蓋微生菌在汚垢處孳生最多，如觸入人之身體，卽易致各種之病。

防範微生菌之法，最謹慎者首以清潔飲食。如所飲之水須燒沸，各種食物須煑熟，因沸點之熱度，能使微生菌滅去也。又若食物不趁熱而食，待其冷而食之，則其物煑雖熟，亦難保不生徽菌;徽菌因食物未置潔淨處所,不能拒絕沙塵飛入,而徽菌卽隨以生,令人食之致病。除此以外,又有蒼蠅之飛集,尤爲多數致病之由;死亡之故,均由於此。因蒼蠅最喜集汚垢處所,吸食穢物,其足均附有徽菌,飛集食品,使人食之卽致霍亂吐瀉等症而死亡卽隨之矣。職是之故,不獨各種食物宜於煑熟使之淸潔,且當置於潔淨處所,以蓋蓋之,勿使塵沙與蒼蠅飛入也。

主廚事者如上預防外,每日須留意多用肥皂沸水洗刷。留意下列七項,則傳染之病,自可免除。

(一)凡廚房、貯物所、貯食橱,當保護極其潔淨,不獨每禮拜洗滌,且須每日洗之;牢記沙塵,是傳染百病之源也。

(二)廚房器具,宜洗刷淸潔,庶無汚垢油膩留於其上。烹調食品,不可用不潔器具盛之。

(三)碟布每次用時,宜洗滌潔白。

(四)從菜市或園圃購回之菜蔬生果等等,宜滌淨後,用熱水燙之,然後移入廚房,或貯物所。倘將汚垢之菜蔬與潔淨之食品，置於一處，乃欲免除黴菌，亦屬枉然。

（五）蒼蠅不可任之飛入廚房，倘有一飛入，急宜除之。

（六）別種惡蟲，專到有食品處及汚垢處，倘廚房能潔淨，此項蟲既無得食，卽自然不至。

（七）溝渠在地內及房屋四周者，常宜用沸過之肥皂水與蘇打水洗除潔淨；辟疫藥水亦宜常施。碎屑食物從烹調器具或碗碟中洗下者，宜移棄別處，不可隨便傾溝渠中。因碎屑食物淤於溝渠，則易發生黴菌，發生穢氣，令人呼吸之，卽能致病；油膩之水，亦宜倒於別處，不可倒入溝渠。

吾人於食物衞生，最宜牢記者，『汚垢及惡蟲，能傳染病症』，『淸潔房屋食品，卽是康健』。從事烹飪者能若是，則可以減少傳染之危險也。

二　餐點之種種製法

（甲）米食之餐點

米稻種類

米爲食品中最要者，有粳米、糯米兩種。粳米之中，又有早稻米、晚稻米、旱稻米之別，此因土地土質寒燠不等，插秧與收穫之早晚不同而分類。至於旱稻，非插秧於水田，乃下子於旱田麥隴間；五月下種，十月收藏，其量較水稻爲多，而味卽大遜於水稻，故種者極寡也。

米之成分

稻之實爲穀，舂去穀之外殼則爲米，——糙米——再用精米機碾之，去其米皮，——或稱糠——則爲白米。米中所含者爲蛋白質，——維他命——與澱粉質，而蛋白質多在糠內，若多去糠皮，專取白米，則蛋白質亦隨之而去，所餘者僅為澱粉耳。若以食味言之，糙米不及白米，以滋補言之，則白米不若糙米也。鄉間農民所食者，大都為糙米，其體魄每強壯於城市之人者，實原於此。

米之選擇法

米質之善惡，相差甚大，其補益身體，亦隨之而殊。善者質堅而量重。惡者量輕而質脆。善者富於剛性，搗之難碎，惡者反是。又視其外表，凡顏色光潤，顆粒均勻者為上品。若顏色混雜而無光澤，及粗細相間不勻者，皆可判其為下品也。

製法

米之為食，色樣多端，為粒為餌，有甜有鹹，茲舉家常需要者，逐項言之如次：

●粳米飯　饔飧之給，首主粳米飯食之，饜之，似極平常，所以有『家常便飯』之稱。然欲操作適當，硬軟相宜，能合口胃之所好，雖有善於執炊者，亦難自料其必善。燒飯之最難者，莫如下水分量多寡，與夫火力之急慢以為衡。凡欲燒硬飯，下水須少；燒軟飯，下水較多。火力均先急而後慢，識此數語，可得其中。

〔料物置備〕 米 水 柴（或炭）

〔應用器具〕 淘米籃 量米斗（升） 水鉢（或鉛桶）

〔法　則〕 （一）先計人數之多寡，用量米升酌量取米，傾入淘米籃內，以清水入水鉢上下反覆淘之，見淸淨而止，乃倒鍋內。同時以水傾入，沒米約七分以上至一寸爲度，水米配置定當。然後以鍋蓋嚴緊蓋好，不使出氣。柴火急燒之，至水開時，少息，謂之透飯；繼乃以慢火燒之，聽見鍋內隱隱若折枝之聲時，卽行停止，靜候數分鐘後，卽得。（二）有用罐器——金器與瓷器土器——燒飯者，如上述手續外，類都以炭燒之。至水開滾透飯時，須將罐暫置他處，撤去炭火十分之八，再將飯罐移置原處，復以撤去之炭火，圍湊罐之四周，並放若干塊於罐蓋之上，約五分鐘左右，再將全炭撤滅，其飯卽成。（三）歐美諸邦之人，則於食米淘淨之後，先以適量之水入罐中，置於火爐上，見水大沸之際，則將米慢慢傾入，使不停沸，約十五分至二十分鐘，勿蓋，再過十五分鐘以後，以器掐之；如米已軟，卽將所餘之水濾去，使飯粒粒相分，不使爛糊，乃起罐陳置平盆，以叉輕分其飯粒。又另用鐵鍋，中置白塔油煎之，適鋪鍋底，候熱時，將飯漸漸倒入，見發黃勻淨時，擦其鍋使飯粒相分，既成，置飯於底上，置爐乾之，卽可上席矣。

〔附說〕燒飯之法，既略如上述，其有用水過多，至滾後而減水（俗稱逼水）者，甚非所宜；因飯滾後，米之精液與水融化，所減之水，中含精液甚多，若精液去，則飯粒徒爲米渣，既少滋養，且失食味，殊覺可惜。又或者在透飯時，啓開鍋蓋，使之易乾。殊不知飯之精元，從此而出，必減少其精華，失卻香氣，此執爨者不可不留意之。

●稀飯　稀飯是粥之別稱，爲早餐夜餐最合宜之品。胃弱者食之，尤爲適當。惟須用上白米乃易調和，合於上口。

〔料物置備〕米　水

〔應用器具〕量米升　籮　石臼　簸箕　插杓　米箒　銅匙

〔法　則〕先將量米升酌算食者人數之多寡，而取米放入籮內，移傾石臼舂之，搗成精白米；再以插杓盛米於簸箕。石臼底所餘者，以箒箒出，同置箕內，揚米去糠，見淨潔之後，仍入籮內，移倒鍋（或罐）中，然後將水傾入；其量約米一水四。分配完後，以鍋蓋嚴蓋之，燒以急火，至滾時，揭開鍋蓋，以免米汁泛溢而出，再以慢火緩緩燒之，常見上下翻滾後，乃不時以銅匙攪拌，不使米粒下黏，沈貼鍋底，見水米相和調膩，卽成。

〔附說〕　稀飯不雜他物者謂之白米粥，若雜以他種物料，則名稱亦隨之而變更。如雜蝦米者曰蝦米粥，雜以鴨肉者曰鴨肉粥，和以糖汁者曰糖粥，和以藕者曰藕粥，各種之燒法，大約各物料配合後，燒慢火時入之。如物料之不易熟爛如肉藕等，卽可與米同時下鍋也。

● 蛋炒飯　以鷄蛋和粳米飯相炒而成，普通爲點心之一種，亦可作正餐之需，品質高雅，味道精美，食之者甚多。惟不善治此之人，每憾飯粒與蛋質不均勻，既外表之不能雅觀，味亦因之不合於口。欲得其善，從法如次：

〔料物置備〕　雞蛋　粳米飯　猪油　鹽　猪肉絲

〔應用器具〕　碗　箸　刀　鏟刀　勺　鐵匙

〔法　則〕　（一）將雞蛋破殼入碗，同時和少許食鹽，用箸打調，至黃白均勻而止。

（二）猪油入鍋以急火熬之，熬完之後，以鐵匙取油，約三之一置於另碗中，復以精肉切絲入鍋，須先預備，用鏟刀亂炒，見肉近脫生時，將蛋傾入，急用鏟刀亂炒，比炒肉時加緊，毋使雞蛋攏結作塊。見蛋將熟時，卽以粳米飯傾入，再用鏟刀更比前亂炒之，見蛋飯彼此均勻以後，酌加食鹽，然後撤去急火，以緩火繼續炒之，約二分鐘起鍋，卽成。

〔附說〕 蛋炒飯有用雞蛋者，有用鴨蛋者，二者以雞蛋爲上。嗜好香辣之人，可於將起鍋之際，加以生葱或胡椒少許。又於飯盛置完結之後，於飯上鋪排火腿蝦仁之屬，作爲裝飾及佐味者。然自炊自膳之人，不如將物品一同加入炒和爲可口。

㊂八寶飯　此以糯米爲主，佐以蓮心桂圓各品，蒸燉成功；其味香而甜，稱爲滋補之品。

〔料物置備〕　上白糯米　猪油　白糖　蓮子　桂圓　南棗　芡實　葡萄乾　桂花　紅條等

〔應用器具〕　淘米籃　缽　碗　瓷盆　蒸籠　布

〔法　則〕　（一）將糯米入淘米籃內，浸水數小時，淘洗數次，漂淸粃糠，然後入鍋注水，以急火燒之適熟爲度，不使太爛，即起鍋，盛鉢中。（二）蓮子泡湯去皮與心。桂圓破殼與核。南棗洗淨去核。並芡實彼此燒熟。（三）取碗一口，將蓮子、桂圓、南棗、芡實與葡萄乾、桂花等分配妥當勻攤碗底。（四）鉢中之飯，入以猪油白糖攪拌均勻，盛入碗內見碗相平爲度；蓋以瓷盆，放蒸籠上，入鍋，注水嚴蓋，以急火燒之，約各品爛熟爲止；揭蓋之後，以布墊碗，移置桌上。食時將盆碗翻轉，而去其碗，即見飯正置盆中，如花朵然。

〔附說〕　八寶飯入鍋蒸燉時，水量約下蒸籠寸許，以防開水泛入碗內。上席時，食匙要洗滌潔淨，不得稍留鹹質，以累鮮甜滋味。

●肉糉　亦以糯米爲主，實以猪肉或醃腿糖餡各物，爲家常普通之食品。若遊子外出，用作攜糧，亦甚簡便。冬涼時候，可貯二星期不壞也。

〔料物置備〕　上白糯米　猪肉　醬油　食鹽

〔應用器具〕　淘米籃　碗　刀　箬葉　蔴絲　匙　箸　杯

〔法　則〕　（一）將上白糯米倒入淘米籃內，淘清米屑，濾去水分，候乾待用。（二）

將猪肉（精肥視所好者自定）用刀切成條子，放置碗內浸以醬油，及攙食鹽少許，候用。（三）箬葉若干張，每張擦洗淸淨。蔴絲分拍淸楚。三者做完，乃拿箬葉二張，大者一張，裹成三角形，（或短尖或長尖）用杯量米，倒入攤成凹坑之式，乃以箸拾肉二三條，安置其上，復量米如前量鋪上，卽將箬葉緊緊包裹之後，復紮縛蔴絲，以緊實爲度，此爲生糭；如此做成若干個，乃一一入水鍋內以急火燒之，熟而後已。

〔附說〕 糭餡除肉外，有以棗子或赤荳而和以紅糖者，是爲甜糭。而肉糭中有加火腿及栗子韭菜等品者，則其味香鮮，益覺可口。又糭之冷者，撥去箬葉，切片煎烤之，其味甚美。或連箬放入炭火內煨之，卽另具別種香味，食後數時，尤有齒芬。

●炒米粉　此爲乾糧之一種，無論家居作客，均爲極便當之食物。有以粳米製之者，有以糯米製之者。如左法：

〔料物置備〕 米　紅糖

〔應用器具〕 小缸（或桶）　淘米籃　寬口飯勺　箸　缽　石磨

〔法　則〕（一）先以米放入缸中，以水浸之，約過一夜，然後倒入淘米籃內，淘去糠米淨後，濾水待乾，乃取若干（約一湯碗）倒入已燒熱之熱鍋內，以飯勺翻覆亂炒，見米粒粒虛發，顏色焦黃，即起出鍋，盛入鉢內，此謂之炒米。俟涼食之，鬆口而味香，少壯之人尤愛之。每貯此為佐餐。（二）炒米盛鉢若干後，酌量和以紅糖，用箸攪拌，不使成塊；待冷糖乾之後，乃以石磨逐漸牽磨成粉，即為炒米粉。

〔附說〕炒米粉牽磨時，不可磨之太細。如若過細，如灰，即食時黏口，而難下咽，減失香味。牽磨成粉後，再以猪油入鍋，熬熱後，用炒米粉倒入，炒勻，是謂猪油炒米粉；益覺香膩無倫。有在炒米時，酌加黑芝蔴或桂花等物，則其味尤佳。且謂能補益心血。又有拌以葷油，充泡開水，調成糊漿而食者。炒米粉成後，貯藏於鐵罐或瓷罐內，均宜嚴緊關蓋，以免走漏香脆也。

◉糰子　此為粉餌食品，以糯米製成，中實各種物品為餡，因餡之質料不同，而名稱亦隨之而異，約有下列之名稱與製法：

〔料物置備〕　糯米粉　粳米粉　肉或豆腐或蘿蔔亦豆芝蔴等

〔應用器具〕 刀 缽 碗 葛布 蒸籠

〔法　則〕 （一）肉心糰子：（1）先取糯米粉若干，入缽；復取粳米粉少許，（比糯米約十分之二）和之，冲以合度之開水，攪拌成塊。（2）取猪肉以刀刮去其皮，切成細粒，加食鹽及醬油少許，復以刀用力亂斬極細如爛泥，盛碗候用。（3）料物布置定當之後，乃取葛布平攤蒸籠內。（4）以手摘取粉塊，如雞子大小，成尖圓如酒盅之倒置狀，而後揑空如杯，實以合量之肉後，撮合捺之，順手放蒸籠內葛布上。（5）俟一一做成，滿入蒸籠後，乃移置於熱水鍋之鍋內。蒸籠不可浸水，約離水一寸以上，闔蓋使蒸，至熟卽得。起籠拾取，放入盆內，上席時，主事者指頭須蘸冷水，以免黏手，便於移置。（二）豆腐心糰：取老豆腐若干，切成細粒，入鍋，以猪油和食鹽炒之，見其色略轉黃時，和以蝦米或香料少許，乃起鍋入碗。然後如前法之手續行之，卽得。（三）蘿蔔心糰：取蘿蔔洗淨，以刀先切成絲，後斬成細粒，復以手用力揑出辣液，亦以猪油和食鹽入鍋炒之，至熟，加葱少許，然後起鍋盛碗待用，復如前法行使。（四）赤豆心糰：取赤豆若干，洗淨後，入鍋充水燒熟，倒淘米籃中濾之，見無水滴；又倒入潔淨石臼中，搗爛成糊漿，取出入缽，拌以紅糖，卽可使用。餘均如上法。（五）芝蔴心糰：芝蔴先入鍋炒熟，乃移石磨牽磨成粉，和以白糖或紅糖。用時以匙傾入糰心，包裹後，一一如上法行之，卽得。

〔附說〕　糰子之形狀，有尖圓，有扁圓，隨意而作。有於糰面蓋紅色小印者，爲識別糰餡之符號；惟紅色含有微毒，不如由製者捺以種種標識，較爲妥當。而所墊葛布，有代以箬葉或荷葉者，似另具特種滋味焉。

㊅黃金糰　以糯米粉同南瓜配合而成，內實以餡。製法與糰子大小相同，品名亦隨用餡而異。茲舉例如左：

〔料物置備〕　南瓜　糯米粉　豬肉

〔應用器具〕　刀　鉢　碗　葛布　蒸籠

〔法　　則〕　（一）南瓜一個，洗淨後，刮去其皮，破開，挖出肚子，切成小塊，入鍋，充水少許，以急火燒之極爛。乃起鍋盛入鉢內，然後加以同量之糯米粉，揑拌極勻，候乾濕均適爲止。（二）豬肉洗淨後，以刀斬成細粒如泥，拌以食鹽一撮，盛碗。（三）將南瓜糯米粉塊摘取如雞卵大小，揑空其心，實以肉餡，包之成糰。俟做成若干後，速以葛布攤蒸籠內，將糰一一放入；移籠放熱水之鍋內，以急火蒸燒之；一至熟時，其色如黃金，此所以爲黃金糰也。

〔附說〕　黃金糰味道鮮豔，用糖餡者更爲甘美。有不包餡而作餅形，以熱鍋烤熟即得者，此品質賤而味良，農人之經濟者，恆食之。

● 順風糰　一名小圓子，亦以糯米粉製成。爲元旦之應時食品。茲名此，取一年風順之意也。

〔料物置備〕　糯米粉　白糖　桂花

〔應用器具〕　缽　箸　銅匙

〔法　則〕　將糯米粉盛缽充水，以箸拌之，以乾濕相宜爲度。米粉拌好成塊之後，乃以手摘取之，搓作丸形，如鈕子大小，逐漸搓成若干後，卽倒入沸水鍋內，關蓋煮之；約二透揭蓋，見圓子上浮卽熟。帶湯盛入碗內，加以白糖，撒以桂花，食之覺淸香可愛。

〔附說〕　順風糰入鍋時，務須沸水，倘水未沸而入鍋，卽易黏糊如餅，旣難入口，且失雅觀。

● 油煎糰　係糯米粉作圓糰，以油煎炸而成。其味甘脆，或鹹或甜，隨人所愛。茲列述兩種如下。

〔料物置備〕 糯米粉 猪肉 赤豆 素油

〔應用器具〕 缽 箸 刀 大碗

〔法 則〕 （一）將糯米粉用沸水充攪拌匀，以乾濕合度，不糊手，不散粉，成塊爲主。（二）猪肉斬成細粒，和食鹽及醬油少許，拌匀之後，盛入碗中。（三）取粉塊撮摘如雞卵大小若干塊，一一用指揑空，實以猪肉之餡，合包成糰，乃投入燒沸之油鍋內炸發，使色透黃，乃起鍋。陳入碗中，卽可上席。

甜者取赤豆燒熟，倒入石臼擣之極爛，取出，和以紅糖，酌撮若干，放入米粉揑空之塊中，卽入油鍋，如上法。

〔附說〕 煎糰之油鍋，俟油沸之後，須以慢火燒之，不可用急火。倘熱度太烈，則外面易焦，而內層不熟。

●炒年糕 年糕爲年節食品，吾國南方各地，均甚盛行。市場糰糕店中，都有現成之年糕出售，其食法以炒者爲最美。茲述如左：

〔料物置備〕 現成年糕　猪肉　冬筍　葷油　食鹽　醬油　黃酒　胡椒

〔應用器具〕 刀　盆　箸　鏟

〔法　則〕 （一）將年糕切成條式之片，放入盆中。（二）猪肉切成肉絲之後。冬筍切成與年糕大小之片，倒入燒熱之葷油鍋中。此時趁急火以鏟刀亂炒，見肉脫生時，乃將年糕倒入。同時將食鹽醬油黃酒一共淋注鍋圈，並立刻急用鍋蓋悶之。約二透後起鍋，復加以葷油，再炒片時，累撒胡椒，即可起鍋。

〔附說〕 年糕有甜食者，即須放湯。其有放湯和以黃芽菜或菠菜而鹹食者，謂之湯年糕。惟年糕之食品，不論放湯與燥炒，鹹食者均須充足油料，甜食者不可節省糖液，而撒以芝蔴粉尤佳。

●炸鍋巴　鍋巴即飯粢，惟須取其色金黃成片者為上。當在飯盛碗後，立時起而食之，已覺其味香脆。茲更佐以他品而炸發之，尤覺鮮美爽口，堪作茶點之供。製法如左：

〔料物置備〕 飯粢　葷油　香菇　食鹽　醬油

〔應用器具〕　鏟　盆　碗　箸

〔法　　則〕　（一）葷油斤餘，入鍋燒沸。（二）擇飯粢約二寸大小之成片，色黃而香者若干，入鍋炸之，見透黃鬆脆時，速以鏟撈起，盛入盆中。（三）以另一鍋，急火燒湯，入以香菇，略加食鹽及頂上醬油調和，燒熟出鍋，盛碗之後，與鍋巴分供席上供饌，其味之佳，莫可言喻，誠不能以飯粢爲廢品而忽之也。

〔附說〕　其有香菇湯燒好時，卽以炸過之鍋巴和入，呑嚼而食之。然入口之際，又不可過速，以防湯熱傷舌也。若浸入湯內，乃宜速食，不可稍留停，以免減去鬆脆。

●餅子　此爲粉餌食品。有米製者，有麥製者，有玉蜀黍製者，有喬麥製者，品質煩多，在在均可；或甜或鹹，隨口胃所嗜好而製之，爲家常食品中稱便者。製法舉例如左：

〔料物置備〕　粳米　食鹽

〔應用器具〕　石磨　鉢　篩　鏟

〔法　　則〕　（一）硬米若干，牽磨成粉，入鉢，略加食鹽，用沸水調之成塊，如橘如卵大之糰塊若干，先以兩手一塊一塊搓扁圓形，復以手掌逐一合拍，如七寸盤之大小厚薄爲度。如此先後一一做成，輕輕平放篩上。（二）將鍋（不可用小鍋）擦淨，鍋底略倒清水，以草柴火料平鋪燒之，至全鍋蒸熱時，乃取篩上之餅，逐漸貼入鍋之上部烤之，鍋滿後，略撒溫水於餅上，即刻加合鍋蓋，燒以稍急之火，俟聽見鍋內有烙爅之聲而止，乃揭蓋以鏟一一鏟出，仍置篩上，即可上席，味香而脆也。

〔附說〕 餅子料物不同，製法則一；惟拍手時，能使餅愈薄愈佳。燒時火力不宜過急，急則易焦。起鍋時不可相疊，須逐一設陳。

● 搭餅 搭餅一名象鼻餅，以米粉和酵而成，其味甘美，虛軟可口，製法如左：

〔料物置備〕 米粉 酵母 油

〔應用器具〕 缽 箸

〔法 則〕 （一）米粉若干，置缽內，以沸水充拌，使成厚漿之軟體塊。（二）以少許之酵母，搗碎成細末，以沸水調之。（三）將米粉與酵相和，移置溫煖地方，過數小時，即發虛酵。

（四）將鍋燒熱，略抹以油，然後將麵漿以手酌撮拾一握之數，入鍋用水攤平，作圓式之後，即以急火炙之；見上面餅皮發光潤，即熟。

〔附說〕　摺餅最難之處，爲下酵之多少；過多則澀口，過少則酸味也

●窩窩

爲糰子之一種，以米與豆製成。北人尤好食之。其製法如左：

〔料物置備〕　小米　黃豆

〔應用器具〕　石磨　鉢　葛布　蒸籠

〔法　則〕　（一）小米與黃豆牽磨成粗粉，盛入鉢中，以沸水調之，使作軟塊。乃摘取如卵大小之塊，捏成饅頭狀而中空之，因名窩窩。（二）取葛布用溫水浸濕後，攤於蒸籠內，將做好之窩窩，一一勻置布上，即移置鍋中蒸之。（三）鍋未置蒸籠時，充水不可太滿，設籠後見水不及籠底，方可籠。既放妥，乃密蓋蓋之，燒以急火，約二三透，乃熟，即得。

〔附說〕　有以玉黍粉做成者，其法相同。此爲北人常食之品。

●雪花糕

以稀米爲主，大都甜食者。法如左：

〔料物置備〕　糯米飯　芝蔴屑　白糖
〔應用器具〕　石臼　杵　鉢　刀　濕布　飯架
〔法　則〕　將糯米飯倒入清潔石臼中，以杵用力搗爛，如泥；然後取出入鉢，加以芝蔴屑及白糖若干，和攙一塊，做成臂大長條，再以刀切成約二三分厚薄之圓片，盛入食器之內，放飯架上入飯鍋內蒸之，飯熟，即糕亦熟矣。食時，覺其味香甜可口。
〔附說〕　當切片時，刀須常拭濕布，以免黏滯。

●棗糕

以糯米粉和南棗或北棗猪油各品，蒸燉而成。味鮮甜，爲新年時特製食品。作法如左：

〔料物置備〕　糯米粉　棗　猪油　花生肉　桂花　桂圓肉　白糖
〔應用器具〕　鉢　印模　竹箸　蒸籠
〔法　則〕　（一）以棗子入鍋，充水燒之，煮熟，取出去核，（能去皮者更佳，但覺費時耳，）復入鍋燒之至極爛如膠汁，乃起鍋入鉢，加以糯米粉，拌攪極勻，名棗粉塊。（二）猪油切成如豆粒大小，拌以白糖及桂花。（三）花生肉搗細，桂圓肉切碎，另置待用。（四）取棗粉塊如印模大小者若干，揑成杯形，實以花生肉桂圓肉等餡，而包裹之，放入印模內，以指捺平之，成各種形式，乃輕輕倒出，放竹箸上，俟逐個做就後，一一連箸移入蒸籠，復入有水之鍋內，嚴加鍋蓋，急火燒之，二透卽熟。

〔附說〕　倘無模印，可自行揑成種種模型。

㊀米蜂糕　此爲米粉甜食之品。老年人最喜之，以其質軟味香，無用齒力也，製法如左：

〔料物置備〕　糯米粉　粳米粉　酵母　糖　青絲　桂花　桃仁　瓜子肉

〔應用器具〕　鉢　蒸籠　葛布　刀

〔法　　則〕　（一）糯米粉七與粳米粉三之量入鉢相和，充以開水，並少許之酵母入之。用手攪拌合度後，移置溫熱處所，待發酵後，候用。（二）粉發虛酵之後，和以白糖桃仁各品，復調之使勻，然後平攤蒸籠內，葛布之上，再鋪設桂花桃仁，及瓜子肉等，乃放入有水之鍋內，用蓋蓋之，以急火燒之，三度沸後，揭蓋，加以青絲，再合蓋片時，卽可起鍋。俟稍涼時，移開出籠，以刀切成三寸長，一寸寬之長方條，盛於盆中，卽可上席。

〔附說〕米蜂糕一名發糕，有稍加鹹水者。其青絲爲裝飾外觀之用，故有用以紅絲者。敷桂花，增香味也。

●蒸肉糕　此以肥肉和米粉做成。甜食點心中之特品也。其製法如左：

〔料物置備〕糯米　粳米　肥猪肉　白糖　胡桃　蜜棗　桂花

〔應用器具〕鉢　石磨　布袋　碗　小甑　箬葉　刀　大瓷盆　剪刀　濕布

〔法　則〕（一）取糯米十之七，粳米十之三，相和後，先取三分之一，牽磨成乾粉，其餘入鉢浸水，過夜，翌日連水磨之，米磨時，於磨下先張布袋以盛之，磨完後，即以石磨壓去水分，乃出布袋而入鉢內，然後加以白糖，攪拌勻淨。（二）猪肉洗淨，以刀切成寸許之長方片，盛入鉢中。（三）小甑內密鋪箬葉，排成輪形，而以一半爲緣邊，一半爲墊底，乃取乾米粉勻鋪葉上，同時配以肉片胡桃等物，乃以濕米粉上之，復以蜜棗桂花諸品湊成花樣於其面，布置完後，闔以甑蓋，移鍋注水，以急火燒之，見熟而止。當出甑時，須漸漸移入大盆，剪去緣邊箬葉，再以刀揩濕布而切之，或方形，或角形，使之成塊，大小均等，即可上席。其色美麗，其味香甜，洵上品也。

●烤果　此係糯米食品。或甜或鹹，隨人所愛，其味鬆脆，兒童最喜食之。製法如左：

〔料物置備〕　糯米粉　素油　食鹽

〔應用器具〕　鉢　木捩　剪刀　篩　銅漏匙　盆

〔法　則〕　（一）取糯米粉入鉢，酌加食鹽，充水拌之成塊。以木捩用力捩薄，取剪刀剪之成條，或方片，放於篩上。（二）取素油入鍋，燒沸之後，更以慢火燒之，使不停沸，亦不過沸，乃將果片逐次投入鍋中炸之，見顏色透黃，發虛片後，即以銅漏匙撈出，待油濾淨，放入盆中，即得。其味既香而脆。

〔附說〕　烤果之甜食者，即加白糖。若不食時而存貯之，即須盛以有蓋之瓷瓶，或洋鐵銅罐等器之內，嚴蓋蓋好，不使通氣，方能長保香脆風味也。

●糯米綠豆湯　此爲夏季食品，涼飲以解渴者，質味清涼，較冰忌廉衞生多也。其製法如左：

〔料物置備〕　白糯米・綠豆　芡實　白糖　薄荷葉　桂花

〔應用器具〕　淘米籃　鉢　葛布　碗　匙　錫壺

〔法　則〕（一）白糯米若干，倒淘米籃內，淘淨後，盛於碗中，滿加清水，運碗入鍋，注水關蓋燒之。開後二透，揭蓋見碗內水燥米熟爲止。（二）綠豆若干，提前浸入鉢內，洗揑潔淨，然後入鍋注水燒之，燒至極爛，乃起鍋入碗。（三）芡實約糯米綠豆五分之一，亦入鍋注水燒熟，盛入碗中。（四）白糖若干，入瓷壺，注以開水，使成糖湯。（五）薄荷草若干，以繩紮縛，不使分散，放入鍋內，以水煎之，見出汁時，取葛布上蓋鉢上，隔之，然後傾薄荷湯於鉢內，不使枝葉碎屑漏入。諸事完後，均待至冷，即可應時候食。食時取碗一口，以匙取糯米飯若干，綠豆若干，芡實若干，薄荷汁若干，桂花少許，加以糖湯，至滿，舉匙攪拌食之，涼爽無倫。

〔附說〕　此品有和百合少許者，有以綠豆湯燒熟後，搾揑如漿糊者，此爲市上所售之物；若自製自食，無須多此手續也。

（乙）麥食之餐點

麥有大麥小麥兩種，吾人所食者大都爲小麥。吾國自來南人食米，北人食麥，故視其米麥之差，則可知彼爲南人與北人。北人之於麥，無異南人之於米也。近者南人之於麥食，亦日見其多，蓋麥之養料，無異於米，而價格比米爲低廉也。至於歐美各國，則其所製之麵包，俱是麥製，實居食物之大部。小麥之漲跌，能影響其餘物價之高低，此麥之重要可知矣。

世界小麥最大之產境，首推美國，其產額佔全球總產額五分之一；而其種亦最良。吾國所產者，粒甚細弱，麥粉之色，不甚純白。農學家言吾國之麥，當收穫之時，適在黃梅天氣，難以乾燥，故其色所以遜於美產也。年來美麥之輸入吾國者，其數甚巨云。

小麥之成分，中心爲澱粉塊，其四周爲能萌芽之部分，再外爲蛋白質，其在最外部者，則爲礦物質構成之外皮；外皮爲保護麥粒之用，人之取爲食物者，注重其澱粉與蛋白，故食時研小麥爲粉，但除此二要素，而人之食小麥粉，多喜其純白；然蛋白質多，必略帶褐色，其成純白者，乃富澱粉之證，言其營養，實較遜也。

小麥粉之製法，在機器未通行地方，均取石磨牽磨成粉，篩去其殼與糟糠，人取其粉而食之，殼與糟糠爲家畜之食料。小麥粉用途最大者，爲麵爲饅首，及爲茶食品之原料。茲分述如左：

●切麵　爲麵食中最普通者。麵條以刀切成，故曰切麵。其法如左：

〔料物置備〕　麵　食鹽　猪肉　猪油　青菜

〔應用器具〕　麵杖　麵床　刀　箸

〔法　則〕　（一）取麵若干，少加食鹽，用冷水充調成塊，放米床上，以麵杖捩平，略撒乾麵粉於上，趕薄摺疊之，然後以刀切成細條。（二）將猪肉切絲，炒熟，和以青菜，加以食鹽，再炒之，菜將脫生時，酌量注水，以急火燒之，至極沸時，乃將切麵放入，二度重沸而後，見麵上浮，復燒片時，即可入碗。

〔附說〕　麵杖捩麵，愈薄愈好。繁盛市場之麵店，有現成之機器麵，其煮法亦與此同，惟食時不若自製之麵之淸口。而入鍋時，務在水沸之後，若水未沸而放入，則必結幷不淸，雖有味，難入口。至和麵品物，至爲繁多，不僅靑菜一項，不過靑菜爲最普通，故本編以此舉例。

●五香麵　五香者何？醬、醋、胡椒粉、芝蔴屑、及蝦之鮮汁也。食之香鮮，可稱上品。其製法如左：

〔料物置備〕　麵　醬　醋　胡椒粉　芝蔴屑　蝦　葱末

〔應用器具〕鉢　箸　麵杖　刀　碗　匙

〔法　則〕（一）取麵若干入鉢，先和以胡椒粉少許，並芝蔴屑若干，拌勻。（二）將蝦入鍋，注水煑之，熟後，先取其湯，和以醬及醋，待冷後倒入麥麵內，以箸拌之極勻。復以麵杖趕之極薄，略撒米粉之後，摺疊切成極細之麵條。（三）取水注鍋，以急火燒開，乃入以麵至熟起鍋，連湯盛碗。上席時，略敷生葱末於麵上，卽得。

〔附說〕不喜醋者，可不用。怕辣者，可除胡椒。然其味則不免因此而減也。

●八珍麵

以雞、魚、蝦、鮮筍、香蕈等而成。其味鮮甜，甚爲可口。玆述製法如左：

〔料物置備〕麵　雞　魚　蝦　猪肉　鮮筍　香蕈　芝蔴　花椒　食鹽　醬　醋

〔應用器具〕鉢　箸　麵杖　刀

〔法　則〕（一）取雞魚蝦三物之肉，曬之使極乾，研成細粒，待用。（二）香蕈芝蔴花椒三物，取其淨者，研成極細之末。（三）取麵入鉢，和以上述諸品，幷食鹽拌攪均勻，再注淸水調捺成塊。復用麵杖趕之，使薄，略附乾麵，摺疊切之，待用。（四）猪肉切成丁絲後，又取筍去殼後，切成薄片，盛碗候用。（五）以清水（用鮮汁者更佳）入鍋，關蓋燒以急火，至極沸時，先放入肉絲及笋片後，放麥麵，此時火力益宜加急，見麵上浮二透後，卽得。食時如好酸味者，倒醋少許，味尤清口。

〔附說〕雞取其肉，而舍其皮，以取其極精者。稍帶肥膩之處，都勿用，因麵性見油卽散，趕不成片，切不成絲也。蝦可以開陽代之，或蝦米亦可，有將各物另燒，至麵熟入之者，卽味不若此遠甚。

●炒麵　炒麵之麵，須以掛麵炒之，因調佐之不同，品名遂異，類如以肉絲炒者，爲肉絲麵。蝦仁炒者，爲蝦仁麵也。茲以肉絲爲代表，製法如左：

〔料物置備〕掛麵　肉絲　葷油　食鹽　醬油

〔應用器具〕鏟刀　碗　盆

〔法　則〕（一）取掛麵，先在沸水中燒之，過一透後，撈起，用冷水瀝淸膩汁，攤開，使涼待用。（二）肉絲若干，入鍋炒熟，盛碗待用。（三）將葷油入鍋，以急火燒之極熱，乃拿掛麵倒入，用鏟刀徐徐炒之。見麵色統統發黃時，急用肉絲食鹽醬油先後放入，少注清水，關以鍋蓋。使聽見發有柴聲，卽可起鍋，盛盆，加葱等而供食之。

〔附說〕炒麵須於油內煎爆，使透，方可加入雞肉絲等，加入後，不可再炒，以免糜爛幷塊。有和以蘇油薑絲酸醋各物，卽當視人之嗜好而增減之。

●炒麵衣　此爲下酒食品，以麵和蛋爲主，而佐以蝦仁等物者。其法如左：

〔料物置備〕麵粉　雞蛋　蝦仁　葷油　食鹽

〔應用器具〕鏟刀　箸　盆　鉢

〔法　則〕（一）取雞蛋數枚，破殼，共盛一鉢，加以食鹽及黃酒生葱等少許；以箸打調後，注以清水，再調和之，乃將麵粉漸漸調入，成爲不厚不薄之糊漿，倒入熱鍋內，燒成極薄之餅，反覆烤黃後，乃出鍋，以手撕碎，此謂麵衣。（二）蝦仁杯許，浸以黃酒。（三）葷油入鍋，以急火燒之，極熱，然後拿麵衣和蝦仁一同入鍋，以鏟刀反覆亂炒，須臾卽熟。其味香而且脆。

〔附說〕麵衣燒成，未撕碎時，須兩面烤之。倘徒烤一面，則顏色旣不一，且少香炙之味。有於將盛碗時，另加蔴油者，則須視食者之嗜好卜之。

●蒸饅頭　饅頭是發酵後之餅果，相傳創自諸葛亮；後世食物進步，內裹種種料餡，其質虛軟，其味可口也。其製法有下列數種：

〔料物置備〕　麵粉　白酒腳　酵母　鹼水　猪肉等

〔應用器具〕　鉢　蒸籠　葛布　刀　及石臼等

〔法　則〕　（一）肉心饅頭之製法：（1）取上白麵粉若干，入鉢，略和酵母。（2）以白酒腳若干，和以三倍之清水，倒鍋中燒之，見略熱，即起鍋，倒入麵粉鉢中，以手攪拌，使燥濕合度為止。不久，即見性作發酵，乃稍灑鹼水，即可待用。（3）取肉洗淨後，用刀割去其皮，切成粒塊；同時和以生葱黃酒醬油食鹽諸品，斬之極爛，即可待用。（4）將做就麵粉，搓成臂大長條，復摘斷如卵大小之相等麵塊，以手掌揿捺圓扁，揑出空心，如碗形，實以肉餡，摺緊包之。（5）如上做成若干，乃以葛布濕水，攤入蒸籠中，然後入以生饅頭，團團擺好，即可上鍋。注水，以急火蒸燒，至熟為度。（二）蝦米豆腐心饅頭之製法：（1）（2）同上。（3）將蝦米揀淨後，略和黃酒，浸於水中，復將老豆腐斬碎如豆粒，入鍋內略炒之，取出以蝦米拌之，同時並和以食鹽醬油生葱等，即可待用。餘如肉心饅頭製法。（三）紅糖赤豆心饅頭之製法：（1）（2）同。（3）取赤豆洗淨後，入鍋燒熟，起鍋後倒石臼中搗爛，取出待用。（4）同上法，惟放餡時，同時加入紅糖，然後包裹之。餘如前法。

〔附說〕右三種饅頭，係極普通者，其名稱實隨作者和餡之物質而定。然有不用果餡者，亦甚虛軟可口。若將熟饅頭切片，入鍋以油烤之，則味香而脆，嗜之者尤勝於果餡也。

●饅頭糕　爲蒸糕之一種，以不用果餡之饅頭陰乾後，搓成細末而成。其味香膩，勝過尋常餅餌也。名稱之種類，因果餡之不同而別。玆舉例製法如左：

〔料物置備〕饅頭　猪油　白糖　棗子

〔應用器具〕刀　印模　蒸籠　葛布

〔法　　則〕（一）先將饅頭陰乾，拍碎，搓成細末，待用。（二）取猪油，剝去其皮，以刀切成細粒，和以白糖。（三）棗子煮熟後，剝其皮，去其核，乃與猪油攪拌成塊，摘捏如栗大小之團丸待用。（四）取印模實以饅頭粉，約印模之半，乃將油棗之團丸裝入，復以饅頭粉滿之，用力揿實，然後翻轉印模輕輕敲之，使出。俟做成若干後，即取葛布攤於蒸籠內，移置饅頭糕，陳籠，入鍋闔蓋，以急火蒸燒，至熟爲度。

〔附說〕 倘在夏時製此品，可不用葛布，而代以荷葉，尤添清香之味。本則所說者，爲棗子饅頭糕。其有用桂花者，爲桂花饅頭糕。用赤豆者，爲豆沙饅頭糕。

㊃煮餃子 餃子，其式爲半圓形，以麵粉包各種果餡成之，其味可口。其製法如次：

〔料物置備〕 麵粉 猪肉 韮菜 食鹽 藕粉

〔應用器具〕 鉢 小木棍 刀

〔法　則〕 （一）用上白之麵粉若干，入鉢，充水調塊。（二）取猪肉之精者，切細粒後，復斬之使爛。酌量加以食鹽與韮菜，略充藕粉，攪拌均勻，待用。（三）摘麵塊如栗大小若干，以手一一搓扁圓，復以小木棍一一趕之成圓片，乃取肉餡包於內，一一做成，乃入鍋以開水煮之，不久即熟。

〔附說〕 食時，有蘸以酸醋，或香油者，或將香油先充肉餡內而煑之者。若不用開水煑之，以油鍋烤熟者，其味尤爲香膩。

●油酥餃　爲麵粉拌油，包以各種餡，炸爆而成。其味有鹹有甜，俱香脆可口。製法如左：

〔料物置備〕 上白麵粉　葷油　猪油　食鹽　生葱

〔應用器具〕 鉢　趕鎚　刀　勺　盆　磁瓶

〔法　則〕 （一）取白麵粉分開兩處，其量一爲四，一爲六。四分者，用油七水三攪拌。六分者用油三水七攪拌拌成後，各摘成相等之小塊若干，取大者包裹小者，搓之成糰，用鎚趕長之，隨卽捲轉作竹管之形，竪立用掌捺扁作爲餅胚。（二）取猪油，剝去其皮，用刀切成小塊，如豆粒大小，和以食鹽及葱屑諸品，拌勻之後，卽酌量取若干，放於餅胚上，對折包入，揑成餃邊。復將餃邊捲攏如檐瓦而空其心。（三）復取油入鍋，先行燒沸，卽將油餃輕輕投入，以勺輕輕轉撥之，見其色透黃爲止。乃起鍋入盆中，俟涼時，供食。如欲多製，可藏於有蓋之磁瓶內，隨時出而食之。

〔附說〕　右列爲葱花猪油心油酥餃。其有用火腿切成絲屑作餡者，曰火腿心油酥餃。有用白糖桂花和成作餡者，曰桂糖心油酥餃。有用胡桃肉瓜子肉等和白糖作餡者，曰胡桃糖心油酥餃。其味均鮮美酥脆，爲茶食上品。又有稱浮油餃者，卽將包好之餃，置之籠內，中留空隙，置小樽一，滿以香油，蒸時見油飛餃上，待熟而食之，味清香而覺其可口潤澤。又有所謂門簾餃者，復取包好之餃，置蒸籠後，覆以香油，使塗於麵片之上，熟時揿去麵片而食之故名。

●**餛飩**　此爲麵食中常見之品。其製法如左：

〔料物置備〕　麥麵　鹼水　肉　葱　醬油　食鹽　葷油

〔應用器具〕　鉢　趕杖　麵床　刀　漏匙

〔法　則〕　（一）取麵入鉢，以冷水注入，同時少加鹼水，攪拌成塊。移置麵床，捲於趕杖，用力趕薄，切作二寸許之方形麵片。（二）取肉之精者，細細切之，斬成如醬，略加食鹽，盛盆中，乃以麵片包裹之，卽爲生餛飩。（三）清水入鍋，以急火燒沸，卽將生餛飩倒入，片時卽熟，卽可盛碗食之。在未盛碗前，先將葷油醬油葱屑諸品，配好入碗內，餛飩起鍋時，以匙連湯盛之，卽可上席。

〔附說〕　餛飩有以蝦仁爲餡者，有以雞肉絲爲餡者，此乃在繁盛市場有之；普通者均以豬肉爲主，食時少加酸醋，則其味尤爲清口。

●炒餛飩　此爲湯餛飩之乾者，以葷油或素油炒成之，其味香脆，爲下酒食品。製法如左：

〔料物置備〕　乾餛飩若干　葷油　食鹽　醬油　葱　酸醋

〔應用器具〕　鏟刀　熬鍋（鍋底平者）　盆

〔法　　則〕　（一）取餛飩若干，濾去湯液，攤出吹乾。（二）將葷油入熬鍋內，火燒極熱，乃拿餛飩入鍋，攤平炒之。一炒一停，三五次之後，撒以食鹽，及生葱屑各少許，及見底面發黃，乃引鏟刀徐徐鏟起，熬以反面，見兩面俱現黃色，再炒片時，即可起鍋，盛於大盆中而食之。食時蘸以酸醋，尤爲清鮮可口。

〔附說〕　炒餛飩宜注意者，以使兩面焦黃平均，個個相等，能使軟中帶脆，此爲上乘。

●澄沙包子　此爲薄麵包餡之品，亦可稱饅頭之一種。不過稱包子者，包皮較薄也。製法如左：

〔料物置備〕　豇豆　麵　蔴油　紅糖

〔應用器具〕　鉢　蒸籠　篩　布袋

〔法　則〕（一）以麵和水，置於溫暖之處，及麵發，再加以鹼水。（二）注水於鍋，投以豇豆，用急火燒之，使豆軟而止。然後盛出斬爛，再置篩中，使沙隨水汁澄出，又置之布袋中，使湯透出。再用蔴油紅糖炒之，卽成澄沙。（三）摘取麵塊，如栗大者若干，一一搓作圓餅，包以澄沙，用籠，以急火蒸熟，卽得。

〔附說〕　麵之加鹼，不可過多，亦不可過少；多則色太黃而味澀；少則味酸而不虛。故未和鹼以先，宜審其麵之多寡而入之。又有不用鹼，且不使麵虛發者。裹以各種物餡之包子，其種類各處不同也。

●蒸燒賣　此爲包子之一類食品，其餡最普通者爲肉。其味可口，常見之餐點也。其製法如左：

〔料物置備〕　麵粉　猪肉　食鹽　醬油　黃酒　葱

〔應用器具〕　鉢　趕鎚　蒸籠　刀

〔法　則〕（一）取白麵粉入鉢，和水拌勻，使成乾燥適宜之粉塊。乃以手搓成長條，復以刀切成如栗大之麵塊。復一一搓成扁圓，再以乾麵粉鋪其上，不使黏貼，然後以趕鎚趕之，使薄且圓如荷葉，是爲麵胚。（二）取肉切成小塊，和以食鹽醬油黃酒生葱屑等物，復以刀斬成糜爛，是爲果餡。果餡和好之後，乃取麵胚包之，如石榴狀，做成若干後，逐一移入蒸籠內，上鍋注水，闔蓋，以急火燒之，至熟而止。

〔附說〕和麵粉之水，如能以雞汁湯代之者，尤爲滋味。而果餡之物質，有用蟹粉者，有用豆腐者，亦隨人之所便也。

●春捲　一名春餅，用麵粉與肉品調和後，炸爆而成。味香脆鮮美，點心中之良品也。玆述製法如下：

〔料物置備〕麵粉　雞蛋　猪肉　韭菜　眞粉　食鹽　葷油或素油

〔應用器具〕鉢　碗　匙　盆　箸　鏟

〔法　則〕（一）將麵粉入鉢，注以涼水，加雞蛋數枚，破殼調勻，倒入，復以箸攪之，成糊漿。（二）取平底小鐵鍋一口，著油少許，燒熱後，取糊漿數匙，置鍋中，將鍋搖轉，使成直徑六七寸之薄片，成爲春捲皮子。（三）將猪肉之精者若干，切成細絲，從另鍋以油炒之，將脫生時，和以食鹽及醬油，同時加入切成寸長之韭菜，再炒二三下，即可起鍋，盛碗待用。（四）將眞粉一塊，放於碗中，注水使化爲汁，待用。（五）撮春捲皮子一個，用箸鉗上肉絲，對折包捲之，成筒形，而裹其兩端，做成若干後，一一浸過眞粉汁，使之黏牢，不開捲口。（六）取多量之油入鍋，燒沸之後，逐一放以春捲，而炸爆之；見其色透黃，即可起鍋，盛碗而供食矣。

〔附說〕　春捲皮子，市上有出售，如能自製者固佳，倘不能自製時，還以市售者爲妥。春捲皮子愈薄愈好，然因其薄，所以包捲肉絲時，容易破碎；故有在肉絲內和洋菜少許，使之結凍，以便包裹也。又上席時，若蘸酸醋而食之，其味道尤爲鮮美。

●烙餅　一名大餅，餅食中之最現成者。其體厚而重，最易飽；其味香而可口，可作正餐之需。製法如下：

〔料物置備〕　麵粉　食鹽

〔應用器具〕　缽　趕杖

〔法　則〕　取麵粉入缽，用沸水（或用冷水）冲之，以手和成作塊，再和以食鹽，用趕杖趕爲圓形之餅狀，卽烤入燒熱之鍋。餅旣入鍋後，其火最宜細而且緩，俟反覆烤之見兩面皆有黃色之酥皮，卽可起鍋。切出方塊而食之。

〔附說〕　烙餅或置油或芝蔴於其上者，或作捲圓形後而趕之成餅者，卽在各地之不同也。

●脂油餅　市上都有出售，其味香脆可口，爲早晨餐點最適當之需。製法如下：

〔料物置備〕　麵粉　猪油　葱屑　食鹽　素油

〔應用器具〕　缽　趕杖　刀

〔法　則〕　（一）取麵粉若干入缽，以水拌之成塊，搓之成長條，將條一一摘斷，如卵黃大小許多塊，搓之成扁圓後，復以趕杖趕之，爲餅胚。（二）將猪油剝去其皮，切成極細之粒，和以葱屑，及適宜之鹽，乃取餅胚包之，再趕以杖，使油葱彼此雜露，內外俱有，乃於燥鍋中少擦素油，而燒熱之。將餅烤烙其上下面烤黃，反轉烤以上面，見上下俱發生酥皮之形，卽得。

〔附說〕 脂油餅有多和韭菜者，其味尤爲香豔。或者烤熟之後，復於炭火中烹之，使統個鬆脆而食者。此餅過稀飯而食之，尤爲有趣。下酒而食，亦好。

●蓑衣餅 與脂油餅類似之食品。其味較爲虛鬆可口，而製法略有不同。茲述如左：

〔料物置備〕 麵粉 脂油 食鹽 葱 椒

〔應用器具〕 鉢 趕杖

〔法　則〕 （一）取麵粉入鉢，用冷水調之，不可多揉，乃搓成長條，摘斷如卵黄大小之塊，以趕杖趕薄後，捲攏再趕薄。（二）取脂油切成碎粒，和以食鹽葱椒等，酌撮若干，鋪勻麵上，又捲攏趕成薄餅，用猪油熬鍋烤黃，卽得。

〔附說〕 此餅一再捲攏，有紋如木輪，食時所捲之處，每先剝落有蓑片，故名。其有用白糖爲甜食者，亦覺香味也。

〔附西訣〕 西人之麥食，比米食爲多，其製法最普通，而日常所需者，約下列數種：（一）

麥糊：此為通常之饌品，其調製法，如以麥粉一杯，加沸鹽水一誇脫，用鹽一茶匙，入隔水鍋燉之。煮至適合之時，以罐蓋蓋之，煮熟揭蓋，出水氣，使其糊有適合之厚薄，以勺起驗，以滴而不流為度，時時調之，勿使黏罐，但勿爛其顆粒，使罐旁無枯焦之麥糊。此物有冷食者亦佳，夏令則冷者為宜。（二）小麥粉：小麥粉以水三杯入鹽半小匙，既沸，入小麥半杯，勿蓋煮酥蒸乾，加熱牛乳三杯蓋而煮軟，又去蓋煮至厚薄適宜，應使極潤。煮時常常調之，勿碎其粒，倒入模子，待之凝結，配糖牛乳冷上。（三）大麥粉：大麥粉以隔水燉鍋上層入熱水三杯，鹽半茶匙，上火，水沸，即慢攪碾過大麥一杯四分三，使沸數分鐘，時時調之，再置於下層熱水中，燉一小時或二小時都可。（四）玉黍麥許：在沸鹽水中，以手撒玉黍一配特，不停手調之，煮半點鐘以上（或玉黍及牛乳一配特，鹽一茶匙，調之亦佳）慢攪於沸水一誇脫中，煮半小時，時時調之。冷熱皆可食，食時配牛乳白糖油糖糖膠等。冷食者則可切成片入煮鍋，兩面煎黃，可代蔬菜，或為早餐食品。（五）饅頭即麵包：為西人正餐食品。其料物亦與吾國之製饅頭同，不外麵粉清水酵母三者為主；但手續與形式，則大有別也。茲分別述之如下：

料物之分量　麵粉淸水酵母應用之分量，均宜規定。因麵粉體質，有各種之不同，乾濕不等，吸水之多寡，因之有異。而用酵母之多寡，須視時間之長短，及天氣之寒暑爲準。凡水兩杯，應置已篩過之麵粉六杯或七杯，可製成兩小饅頭，以壓實酵餅半個，將此項生麵，置在温熱之處，二小時後，卽可發高。如要麵包粉脆，可另加食鹽，糖，白塔油，猪油或柯托各一匙。凡用牛奶，不用水，及用油脂質製成之饅頭，較用水製者爲嫩，有時加熟洋番薯，俾可滋潤。

麵粉之調法　先以温水溶化酵餅，以水置鹽糖白塔油等調之，幷入酵水內，然後將麵粉調入，調至麵粉不黏手爲止。倘麵粉冷，可温之使暖。若用牛奶，先須燒熱候冷，或至温和入酵水內。然後將麵盆置於温熱無風之處。

搓麵及製法　當製成麵料時，應搓二三十分鐘之久，由麵盆倒出入板上，用手指拖長，用手掌推之，更迭搓之，使麵質伸展，使成潤滑柔韌之生麵；然後置於製饅頭之盆中，使其發漲，至加倍時，發好後，再取搓之，製成饅頭，乃置烘盆中而烘之。

烘饅頭之火候與時間　饅頭之善惡，關於烘發甚大，故先須試其火力如何，方爲適當。茲試麵粉一茶匙，如五分鐘內，麵包發黃者，其火方爲適當。烘時勿增減火力，因饅頭上爐灶後，復能發高，火力不均，饅頭卽有高低不齊，所以務必注意火力也。饅頭烘後至十五分鐘時，其上當變黃色而發高方有把握；倘爐溫過低，卽饅頭發高必至透過盆面，或其中致有孔隙。倘爐灶過熱，卽饅頭之皮堅結過早，饅頭中心，不能成熟，且饅頭之皮必致過厚。大概通常之烘饅頭，以一點鐘爲適當時間。

三　家畜類之餚饌

（甲）猪肉種種製法

猪爲脊椎動物，哺乳類。人家多畜之。其初本爲野猪之變種，故分類歸野猪科。其體肥滿，其肉味美，食之能潤腸胃，生精液，豐肌體，澤皮膚；然若多食，卽易化濕熱生痰；倘停滯於中，每致血行不暢，筋骨軟弱，精液衰少。故體肥痰嗽及患病初愈消化不良者，均忌之。惟身體枯瘦，津液不充，及火嗽燥痰，則有滋補之益。而製味不可過鹹，且須煑熱；因恆有條蟲或旋毛蟲等寄生於肉中故也。其肉，東方諸國皆嗜之，惟猶太人以宗教之信仰，絕不食此。又其肉上處處有脂肪之塊，取而煎之，更使凝固，即爲猪油，用處極廣。而肉之鑒別，以皮薄潔白，瘦而淡紅者爲上；過紅者恐凝血，過白者恐灌水，皮厚者恐老猪，食者尤當愼之也。至於製法，品類甚多。茲分述其尤者如左：

●紅燒肉　一名酒燜肉。爲鮮猪肉及醬油黃酒燉燒而成。此肉燒時，入醬酒等品後，切忌開蓋，用火不得猛烈，至極爛而食，味甚鮮甜。製法如下：

（料物置備）　猪肉　醬油　食鹽　黃酒　白糖　葱

（應用器具）　刀　大碗

（法　則）　取肉若干，切成寸許大小之方塊（或長方），以淸水洗淨，放入鍋中，加水與肉面相齊，和以醬油黃酒，乃以鍋蓋嚴閉，燒以文火，約三小時後，揭蓋，略和白糖及葱屑，再嚴蓋燒之，約一小時，即可供食。

〔附說〕人之肉食，若喜肥者，宜用腹背二部分之肉。若喜精者，宜用腿部之肉。若喜帶骨者，宜用蹄部之肉。其燒法有不細切方塊，以原塊之大肉燒之，上席時臨時以箸鉗者。又有先取油倒鍋內燒熟，以切塊之肉放油中炒之，用鐵匙不停手翻覆攪動，約一分鐘，見肉漸縮緊，皮漸縮軟之際，取醬油倒入，復用鐵匙翻覆攪動，肉塊徧著醬油，再取糖和水少許澆入，復以匙攪之，見肉色漸濃，乃取開水一小碗澆入，和以香料，用鍋蓋蓋住，稍退火力，約隔半小時，開蓋再攪之，又加開水半小碗，如此二次，再煮時餘，即爛熟。

●白燒肉　此爲不加醬油黃酒等物，食時色白，故名。其味與紅燒者不同，而製法亦有別。茲述如下：

〔料物置備〕猪油　食鹽　茴香

〔應用器具〕刀　匙　大碗

〔法　則〕取肉切成寸度之方塊，以清水洗淨，撈出，瀝乾不潔之水，另取冷水倒鍋中，與肉面相齊之度，燒以比較稍急之火，至湯沸時，見浮泡沫，須用匙撈棄之，俟數沸之後，湯清無沬時，卽加以酌量之食鹽及茴香二三個，關以鍋蓋，燒以文火，約一時之後，見肉爛汁稠稍黏，卽可起鍋，盛大碗中，卽可上席。

〔附說〕 此肉亦有燒熟後切片者，或食時拌以蔴醬薑末各物，甚爲鮮豔。夏時食之，且合衞生也。

●燻肉 此爲煮熟後之猪肉，復以火燻之而成。其味香美，肉中佳肴也。製法如左：

〔料物置備〕 食鹽 葱屑 酒 醬 蔴油 粗紙 菜油 紅糖

〔應用器具〕 刀 鐵絲燻架 大盆

〔法 則〕 （一）取猪肉洗淨後，切作薄片，入鍋，以急火燒之；同時加入葱屑及生薑。見水沸後，充以酌量之酒；及再沸時，加入酌量食鹽。見將熟時，卽起鍋盛盆，以待燻燒。（二）粗紙一張，上塗菜油，幷撒紅糖及茴香粉少許，乃移放於燥鍋，鍋底內架以鐵絲網，將肉片一一攤上，蓋以鍋蓋，以文火燒之。火燃鍋熱，則鍋內之油紙，亦隨之而熾，發生濃煙，燻騰肉上，久之見其四面發紅，卽可起鍋，盛盆而上席矣。食時，以頂上之醬油與蔴油，一氣攪拌之，減其煙氣，而引燻香。

〔附說〕　熏肉除上法外，尙有以蹄胖熏之者，其手續不若肉片之簡易，謂之腿筒熏肉。法以蹄胖一只洗淨後，斬成斷塊，拆去柱骨另以精肉納之塞滿，用蔴線紮之而後照上所述紅燒肉之法則熟之，然後再如本法熏燒。

●罎子肉　一名神仙肉，以肉片入罎，封口，燒燜而成。其味之香鮮，尤超出熏肉一等。製法如下：

〔料物置備〕　猪肉　食鹽　葱　薑　醬油　黃酒　紅糖或冰糖

〔應用器具〕　刀　罎　粗碗　泥土

〔法　則〕　取精肥相間猪肉若干，切成寸方大小之塊，以清水洗淨之，置於罎中，加以葱薑食鹽醬油黃酒糖等物，以粗碗蓋罎口，上以泥土，封糊完好，乃移罎於爐灶中，用草柴和炭圍罎，以微火燒之約數小時之後，卽熟可食。

〔附說〕　起灶開口時，須將罎口刷淨，尤宜注意塵土入內，以保淸潔。

●炒肉片　此爲精肉薄片，及各物雜炒而成。其法如下：

〔料物置備〕 精肉 葷油 醬油 大蒜 眞粉 香菇 韮菜 食鹽

〔應用器具〕 菜刀 鏟刀 碗

〔法　則〕 （一）取猪上夾脊最嫩而精之肉若干，以刀切成寸長寸闊分餘厚之薄片，盛入碗中，以陳酒浸揑片刻，復以清水漂洗，瀝乾，待用。（二）將大蒜數顆，切片成粒，韮菜切斷，待用。（三）香菇少許，以熱水泡熱，去脚，切成細條，待用。（四）眞粉充水，使化之，待用。（五）將葷油入鍋，以急火燒之，極熱，乃倒以肉片，以鏟刀翻覆炒之，見將脫生，即取香菇大蒜韮菜等和之，同時倒以醬油及少許之水，一并炒攪，約分餘鐘，酌加食鹽，並和以眞粉，復用鏟刀攪拌之，見各物濃厚和勻，即可起鍋。

〔附說〕 炒肉片，手腕宜快，爐鍋宜熱，方使肉質嫩，肉味鮮；不然，便覺乏味。其肉有用腿花肉者，惟腿花肉纖微筋太老，不若夾脊肉之嫩也。至醬油和水，倘有鷄肉等汁者，更佳。

●炒肉絲 猪肉切絲，炒爆而成。其法與『炒肉片』無甚差別，然亦有不同之處者。茲述如下：

〔料物置備〕 腿花肉 葷油 黃酒 食鹽 醬油 韮菜

〔應用器具〕　菜刀　鏟刀　盆

〔法　　則〕（一）取腿花肉入水洗淨，辨其紋之橫直斷直紋橫切爲片，再切爲絲，復以水洗淨瀝乾，待用。（二）取葷油倒鍋中燒熱，以極熱爲度，乃以肉絲放入，用鏟刀翻覆攪炒之；半熟之後，加入醬油再炒之；又加入黃酒及韭菜並食鹽少許，再炒之；俟大熟，卽起鍋盛盆而進食之。

〔附說〕　炒肉絲與炒肉片之副物，最普通爲韭菜，故本編所書者，亦爲韭菜。然因嗜好不同，同時候各別，有用薺菜者，有用辣茄者，有用竹筍者，有用芹菜者，有用茭菜者，有用豆腐干者，有用百葉者。其中以用筍者爲最佳，而筍以冬筍爲最好。

● 米粉肉　此爲米粉和肉燒成，其味肥美，製法如左：

〔料物置備〕　猪肉　米粉　葷油　甜醬　葱屑　椒粉　食鹽　紹酒

〔應用器具〕　刀　盆

〔法　　則〕（一）揀肉之肥者若干，洗淨後，以刀切作長方薄片，約二分厚各若干塊，用食鹽甜醬紹酒拌浸半時，即可待用。（二）將米粉和水，使成稀薄之漿糊，乃取肉片倒入拌勻。（三）將葷油入鍋先行燒熱，然後將肉片帶粉一一投之，炸透撈起，即可供食。

〔附說〕 米粉肉有先將肉片入鍋燒之，將熟時，乃以炒熟之米粉，再加醬油葱薑紹酒等拌勻，一同入鍋，透後盛碗，再以另鍋注水，關蓋，以急火蒸之而成者。

●椒鹽肉 此爲猪肉和食鹽火腿等燒煑而成，其味肥美。作法如下：

〔料物置備〕 猪肉 火腿 黃酒 食鹽 葱 冰糖

〔應用器具〕 刀 鏟刀 碗

〔法　　則〕 （一）猪肉洗淨之後，切成方塊，待用。（二）火腿煑熟者，約肉三分之一，切成細末與冰糖一起待用。（三）將鍋燒熱，放入肉塊與黃酒，蓋以鍋蓋，俟透滾一次，即揭蓋。充以合度之淸水，以急火燒之，兩透之後，改用慢火。見肉將熟之際，乃將火腿冰糖倒入，復以武火燒之，待糖汁透膩，即行盛碗，乘熱而食之。

〔附說〕 椒鹽肉之肉，如喜肥者，宜肋條，喜精者，宜腿部。肋條切方塊，腿部不必方形也。

●荷包肉　此爲夏季之肉食，味道淸香，能厚脾胃，製法如左：

〔料物置備〕猪肉　火腿　藕粉

〔應用器具〕刀　碗　荷葉　鍋架　箸

〔法　則〕取半精半肥猪肉一塊，洗淨之後，以刀斬細，即入鍋中，注水和酒以急火燒熟之，又取切細之火腿，加入，同時少撒藕粉，使之黏膩，乃起鍋盛碗。待涼，乃以箸拾取若干，以荷葉撕塊者包裹之，移放鍋架上，復入鍋注水燃燒，一透之後，稍停片時，即得。食時，蘸以醬蔴油，尤爲可口也。

〔附說〕此肉有切成長方之薄片後，即用油鹽醬等物拌好，包以荷葉，置碗內蒸煮，味亦鮮美也。

●燒肉圓　此爲猪肉斬爛成糜，搓作圓球，雜以他物，燒熟而食之，其味香鮮可口。製法如下：

〔料物置備〕猪肉　食鹽　葱屑　黃酒　醬油　藕粉　胡椒　粉條　油

〔應用器具〕刀　碗　酒盅　匙　盆

〔法　則〕（一）擇猪肉精少肥多者若干，洗淨之後，批去肉皮，切成粒塊，酌加食鹽葱屑藕粉等攪和之後，用刀裁斬靡爛，乃以匙盛取若干，置酒盅內，以手團轉之，使成鷄卵大之肉圓，團成若干後，分置盆中，待用。（二）取素油或猪油入鍋，先行燒沸，然後將肉圓投入，反覆煎熬，見四面透黃，乃行起鍋。（三）以另鍋傾入肉汁，或清水，急火燒之，待滾，乃放入粉條若干，同時將肉圓傾入，並黃酒少許，關蓋燒之，約二透之後，即得。食時少撒胡椒，尤有香味。

〔附說〕肉圓之製，其有將肉與木耳香菇冬筍等一同切碎，再加醬油鹽酒拌勻而團圓之，置磁盆中，入飯鍋上蒸之而食者，其味香妍，而且經濟也。

●炒米肉丸　此與上述者大同小異，惟此和以炒米，入鍋而炒鬆之，其味不同，製法略異，茲述如下：

〔料物置備〕猪肉　炒米　雞蛋　葷油

〔應用器具〕刀　箸　盆

〔法　則〕（一）取猪肉洗淨之後，以刀亂斬使爛，同時和入醬油葱屑等物，並將炒米粉拌之使勻，如上法團之爲丸，待用。（二）取雞蛋破殼，瀝白，用箸打調，待用。（三）取葷油入鍋，先行燒沸，一面將肉丸投入蛋汁內，旋卽投入油鍋，至炸發透黃卽可盛盆上席。

〔附說〕　本則有取火腿麵米調和而製者，其味更香美。

●八寶肉丸　此爲猪肉火腿松子諸品合調而成，其味鬆脆，爲特種食品。製法如左：

〔料物置備〕　猪肉　火腿　松子肉　筍尖　香菇　荸薺　醬薑　眞粉　醬油　食鹽

〔應用器具〕　刀　盆　碗架

〔法　　則〕　（一）取精肥互兼之肉若干，洗淨後，用刀切成小塊，卽和以食鹽葱薑黃酒諸物，再斬成肉腐。（二）取火腿切成細末，松子肉亦切成細末，筍尖亦切成細末，荸薺去皮後，亦細切之，香菇用熱水泡過後，亦細切之。（三）將上列各物，一起攪和，捏以眞粉，做成若干肉丸。（四）取醬油黃酒，一併倒入盆中，將做就肉丸，一一放入，然後移置鍋架上，鍋注水，嚴蓋，以急火燒之，二透卽得。

〔附說〕　食時好蔴油者，可加以少許，其味尤香。

●炸排骨　一名汆炙骨此爲猪背夾脊兩邊脅肉而去其肥者，連骨入油鍋爆炸。製法如下：

〔料物置備〕　猪脅肉　素油　醬油　酸醋　白糖　葱屑　茴香

〔應用器具〕　大盆　大碗　鐵漏匙　鏟刀　刀

〔法　則〕　（一）取猪脅肉若干，以刀批去肥肉，乃帶骨直接條塊，每間二骨爲一條，更將脅骨斬斷，成爲三寸之長二寸之闊之肉塊若干，洗淨放大碗中，將醬油及白糖調勻傾入漬之，約十數分鐘。（二）取素油入鍋，先行燒沸，乃取漬透之排骨，傾入鍋中，時以鐵漏匙上下打撈，以免沈底易焦，使之反覆炒透，見四面發黃，卽可撈起，將油瀝乾，另入一鍋，以茴香素油炒攪片時，復下酸醋，一再燒炒，更下以糖，見其汁已稠濃，現深紅色，卽可起鍋，盛盆供食。

〔附說〕　以炸排骨之法，而炸雞排牛排，其味均極鮮脆，若和以雞蛋麵粉，卽於油鍋炒透後，不必以另鍋再炒，其味亦極香脆也。

●壓花肘　一名紮蹄胖膀，爲取腿部灣曲處之肉，去骨煎燒，其味香而且美。玆述如下：

〔料物置備〕　腿肉　花椒　葱　薑　醬油

〔應用器具〕　刀　繩

〔法　　則〕　取猪腿灣曲處之肘子肉二塊，以沸水湯之，一面取花椒葱蒜薑等物合醬油入之。其湯不宜過多，大約二肘肉可加花椒水兩白碗醬油一白碗，以急火關蓋燒之，至熟時，趁熱去其骨，以其皮裹其肉，紮之以繩，因名曰壓花肘。

〔附說〕　紮繩時，愈緊愈好，食時須切成極薄之片，即見片片成紋，蘸以炒鹽而食，殊覺香美也。若紮繩之後，照上『燻肉』法而燻之，尤爲出色。

●猪頭膏　猪頭多皮與骨，肉質少而膏汁多，故食之者取其膏，茲述如下：

〔料物置備〕　猪頭　食鹽　醬油　黃酒　葱薑

〔應用器具〕　鉢　鉗　刀　叉

〔法　　則〕　（一）取猪頭一個，先入水洗滌，用刀刮去皮上污質，復以鉗鉗淨短毛，切作兩爿，便可入鍋，和以淸水葱薑，以文火燒至半天，使肉糜爛。（二）肉糜爛後，用叉取出，拆去其骨，以刀切成塊，仍舊入鍋，以原湯煑之，一沸之後，加入黃酒，再沸時，復加食鹽，及其糜爛極點，成稠膩之狀，乃將猪頭肉連汁一并倒入缽中，候冷凝結時，以刀切成薄片，即可供食，食時可另用醬油蔴油蘸拌，味更鮮美。

〔附說〕 燒猪頭肉，不可用急火，時間不可太急，須緩緩煎燒，方能膏汁濃凝。

●塞爪尖

此爲猪爪去骨，而塞以肉糜，煑燒成之。其味鮮美，似較壓花肘而勝之。製法如次：

〔料物置備〕 鮮猪爪　鮮猪肉　火腿　冬筍　香菇　食鹽　黃酒　葱薑

〔應用器具〕 刀　鉗

〔法　則〕 （一）取鮮猪爪若干隻，以清水洗淨，用鉗拔淨短毛，乃入鍋注水燒透，然後以刀切成一寸見長的斷塊，拆去大骨。（二）取鮮猪肉精肥互兼者若干，用刀刮去肉皮，切成粒塊，和以醬油黃酒葱薑食鹽等物，然後斬爲肉腐，滿塞猪爪內。（三）將火腿切成細末，黏貼肉腐外面猪爪兩端。（四）先將香菇冬筍入鍋燒之，俟水百沸後，即以肉塞爪尖投入，關蓋，以急火燃燒，待二透之後，改用文火，且爛且燒，至極爛爲度，即可起鍋，供食。

〔附說〕　燒時若不用清水，而用雞汁等湯，味更鮮美。

㊂肉鬆　此爲精肉拆絲，以火焙乾而成，其味鬆而且香，爲下粥妙品。旅行路菜，尤稱便之，製法如下：

〔料物置備〕　精猪肉　醬油　黃酒　生薑汁　素油　雞汁湯

〔應用器具〕　刀　鏟刀　鐵罐

〔法　則〕　（一）取精肉若干，洗淨之後，以刀批去肥肉及筋，然後切成方塊。（二）將雞汁湯倒入鍋中，同時取肉塊放入，並和醬油黃酒生薑汁諸物，一同燒煎，見肉質酥爛，湯汁燒乾，卽行起鍋，將肉塊以手細細撕之爲絲縷。（三）取素油少許，指抹另鍋燒之，待鍋發熱，卽將肉絲攤入鍋上，以文火緩緩烤之，片時之後，以鏟刀攪炒至肉絲乾燥時，卽得。若欲存貯者，可藏鐵罐中，嚴蓋之，隨時可食。

〔附說〕　有先將方塊精肉用甑蒸熟者，當蒸時，隨蒸隨潑黃酒，蒸就後，裝入布袋榨乾液汁，再以文火烤炒之者。雞牛等肉之製鬆法，亦同。

●五香肉　此爲猪肉以五味調佐而成，其味香甜可口。茲述其製品如左：

〔料物置備〕猪肉　食鹽　醬油　葷油　陳酒　甜醬　花椒　茴香

〔應用器具〕鏟刀　菜刀

〔法　則〕（一）揀猪肉之瘦者若干，洗淨後，切成一寸見方之小塊，外面略擦食鹽。（二）將葷油（或素油）酌量注入乾潔之鍋，以急火燒之極熱，乃以肉全數傾入，執鏟刀炒攪之，見將脫生時，即將醬油甜醬陳酒花椒茴香五味，先後加入，嚴以鍋蓋，改燒文火，片時揭蓋，復以鏟刀徐徐炒之，見各味相調，汁料乾燥，即行起鍋，轉盛碗中，見成凝結，即可上席。

〔附說〕五香肉初時火須急。和料後，火須緩。乾燥時，起鍋須急。上食時，須待冷。其以牛肉雞肉製者，與此同。

（乙）牛肉種種製法

牛爲家畜中之反芻動物，有黃牛，水牛，赤牛，短角牛，瑞士牛，荷蘭牛，等種。其肉之成分，以蛋白及脂肪爲主。歐美人視爲最上之肉食品。年來吾國食之者亦漸多，惟以病死及自死者有大毒，不可食；食之發痼疾痃癖洞下痓病生疔或暴亡，又有所謂獨肝牛（以善噉蛇，又稱噉蛇牛），及白首牛者，亦均有害。又其生疥之牛，卽令人癢，生疔之牛令人瘟，均須避之。據本草牛肉不可和猪肉食，否則腹內生寸白蟲，不可以楮木桑木燃煑，否則腹亦須生蟲云云。凡牛肉之善者，其色紅亮，而多光澤。不然，須毋購。茲將其煑法述如左：

●煮牛肉　牛肉切忌用水洗滌，致減鮮味，故當購買時須先擇其潔者。而其煑法，以清眞教門館中最善，本則仿製如下：

（料物置備）牛肉　生蘿蔔　醬油　葱　薑　茴香

（應用器具）刀　碗

（法　則）（一）取清水若干勺，以能浸滿肉面之數，傾倒鍋中，燃燒使沸。（二）將牛肉切成寸大方塊，放入湯鍋，一面取蘿蔔用針刺孔，而後亦放入鍋中，同時和以葱薑茴香諸品，見湯騰沸數次，取出蘿蔔，倒入醬油，再行燒之，數透而後，卽可起鍋，盛碗，而食矣。

〔附說〕　牛肉多臊氣，用生蘿蔔刺孔而入者，吸收臊氣也。又牛肉不可下酒，下酒反生臊氣。不可多燒，多燒反老。此爲教門中人之特點，須誌之。又欲使牛肉生嫩者，可摻硝粉於生肉上，經半小時後而洗滌之，再行入鍋，加以副物，則其肉定軟如綿也。

●燻牛肉　此爲紅燒而後，再以燻架燻製而成。其味香而且甘，爲特出製品。玆述於左：

〔料物置備〕　牛腿肉　紅糖　白糖　茴香　甘草　甜醬　葱梗　蔴油

〔應用器具〕　刀　燻架　碗

〔法　　則〕　（一）取牛腿肉若干，用刀切成薄片，入鍋和黃酒醬油白糖，一起燒煮，見顏色作紅，湯汁黏膩，即行起鍋待用。（二）將紅糖甘草茴香先置鍋底，上放燻架。（三）煮熟牛肉，切成薄片，攤放燻架上，以鍋蓋蓋之。乃取柴在鍋底燃燒，鍋熱之後，鍋底內各物，亦隨焦烈，煙火上騰，直衝牛肉，見彼此燻透而後，即可取出，盛碗。（四）又取白糖甜醬蔴油葱梗四物，同以另鍋炒之，攪勻盛起，以牛肉蘸而食之，其味香烈，誠下酒佐飯之妙品也。

●燒牛蹄　牛蹄比牛肉另具一種風味，爲下酒良品。玆述其製法如下：

〔料物置備〕　牛蹄　黃酒　食鹽　葱　薑

〔應用器具〕　刀　鉗

〔法　則〕　（一）將牛蹄以水洗淨，用刀刮去皮上積穢，用鉗拔去短毛及硬殼，復要潔淨。（二）牛蹄入鍋後，注以滿水，急火燃燒，約二時餘，乃加入葱薑再燒數透，復加入黃酒改用緩火，再過二時後，然後加入食鹽，見蹄完全爛熟，乃起鍋盛碗，俟冷而食。

〔附說〕　若欲牛蹄成膏而食，卽照上法多燒時刻，見蹄如糜後，方可起鍋，至冷切片食之，蘸以蔴油辣糊薑末諸物，則尤多香膩之味。

●牛肉汁　此化肉爲汁之食品，香而潤口，眞上品也。玆述製法如下：

〔料物置備〕　牛肉　薑　葱　食鹽

〔應用器具〕　鐵罐　白紙　布巾　刀

〔法　則〕　將牛肉切成小塊，置於鐵罐（或悶氣小鍋）中，同時加入薑末葱屑及食鹽，用白紙（毛邊最好）封固罐口，不使出氣，然後置於鍋中，隔湯煮之，下置炭火，上覆布巾，使火力不外散，乃歷四時左右，卽可成功。其味之美，較他肉爲勝。

〔附說〕 燒牛肉汁，必須用炭火，以其火力聚集，又無火燄外散，便於蒸燜也。

附西訣 歐美人之燒牛肉，其最注意者爲慢火。謂慢煑旣久，將肉絲燒酥分碎，雖最韌之肉塊，亦能糜爛也。如欲燒排骨，較生者每磅須八分至十分鐘，欲生燒腿肉，每磅須十分至十二分鐘。其最妙之法，將鐵叉在火爐前烤之，或烘之；而牛肉當留其肥肉，色須紅亮，烘時置一架上，使高離盆裏，四面用麵粉撒之，盆之一角，置鹽半茶匙，胡椒一茶匙四分之一，勿使近肉，免提肉汁。盆中再滴入油二匙，再烘十五分至二十分鐘，俟其肉黃，閉其爐之通熱門，使低其熱度，慢烘慢熟，常以汁淋之，勿加水，因加水不易黃也。排骨當適觀，不宜太長，可截留製湯，或屈折而撓之，上席時，骨之兩端，須向下方，順其骨紋切之。欲燒卷肉，則去骨捲之，紮成佳形，俟燒熟去繩，插以花樣之籤，其端用紅蘿蔔或檸檬片切成裝飾之狀，置於盆中，使成筒形，食之必橫截之，如法烘肉，必有焦點，一寸之四分一，其餘皆作紅色，如爐太熱，其中心必生，其外焦硬而無味矣。

（丙）羊肉種種製法

羊亦爲家畜中之反芻動物，其初原爲野生之一種，因豢養於人，故變種不少。其大類爲山羊，綿羊，山羊中又有柔毛羊，羼羊，埃及羊，原羊，獨羊，羖羊，角羖羊，完羝羊，雪羊等種類。綿羊可名胡羊，亦有螺角羊，蘭勃羊，奧國羊，皺毛羊，埸羊，南邱羊，皺鼻羊，黑面羊，一角羊，髯羊，大角羊等種類。其肉均可食。據醫者言，羊肉之性苦甘大熱，無毒。能滋益血氣，溫補虛弱，開胃增食，壯陽益腎。若以同蕎麥麵豆醬而食，發痼疾，同醋食傷人心，同生魚酪食，頗有害。以銅器煮食，男子損陽，女子暴下。而黑羊白頭及獨角四角者，皆有毒，食之生癰。凡一切火症，及有宿疾者，均與羊肉不宜。茲述羊肉之製品如次。

●燒羊肉　羊肉之難者，在能消除臊腥，照本法燒煮之，自能得味之鮮美也。其法如左：

〔料物置備〕羊肉　蘿蔔　食鹽　醬油　黃酒　大蒜枝　薑片

〔應用器具〕刀　匙

〔法　則〕（一）羊肉若干，切成寸許之見方或作二指節之長條形小塊，以熱水泡洗之後，倒入鍋中，同時注以淸水，能滿浸羊肉爲度。（二）將蘿蔔刺破外皮，與羊肉一同燒之，及水滾沸之際，見有許多浮沫，卽以鐵匙逐漸撂取而棄之，見湯淸後，乃將蘿蔔取出。（三）撂沫數透後，先取黃酒倒入，稍待片時，復將醬油食鹽同時加入，繼復加以葱枝及薑片，乃改用慢火，關以鍋蓋，徐徐燒熟，見物質糜爛，乃盛碗，俟冷供食。

〔附說〕有取羊肉之肥壯者，去骨煮爛，加鹽及紹酒山芋粉，收去其湯，入磁盆中凍結，食時，切成薄片，以好醬油或甜粉醬蘸食之。至於紅燒之法，與紅燒猪肉同。

●**炒羊肉絲**　羊肉質韌而濃，切絲時，刀須快，手續須敏捷，方得絲絲分淸，食之可口，茲述如左：

〔料物置備〕羊肉　豆油　醬油　葱薑　酒　綠豆粉

〔應用器具〕刀　鏟刀

〔法　則〕（一）取羊腿部之肉，肥少瘦多者，以淸水洗淨，辨其肉紋之橫直，置砧板上，斷直紋橫切爲片，約厚分餘，再切爲絲，放入淸水浸之，片刻而後撈出，用綠豆粉攪拌待用。

（二）取豆油或蔴油，倒鍋內燒熱，乃將肉絲放入炒之，用匙不停手反復攪動，約一分鐘，見肉稍熟，先後取葱薑與醬油一一和入，再行攪炒，又加黃酒，一俟大熟，卽速舀起盛盆，俟涼進食。

〔附說〕 若加白菜絲，加蒿菜，皆切成與羊肉絲之長短，同時倒入，其味甚美。

● 會羊頭 羊頭肉少而皮厚，膏液勝於他處，食之另具風味也。其法如下：

〔料物置備〕 羊頭 醬油 食鹽 酸醋 胡椒

〔應用器具〕 刀 鉗 大盆

〔法 則〕 （一）將羊頭劈開，取出羊腦，洗刮乾淨，放大盆中，入鍋蒸熟，取出，剔去一切之骨，剝下帶薄薄一層肉之皮，與二耳上下齶之皮，均切爲小方塊。（二）倒水若干入鍋，急火燒熱，卽將羊皮塊倒入，改緩火煮之，而闗以蓋，約隔半小時，開蓋，若水乾燥，則復加入，以浸過肉一寸爲度，約過一句半鐘時，撒以食鹽與胡椒，再燜片刻，則可起鍋，盛盆至涼，就食，食時以醬油和醋蘸之，其味香而膩，淸而爽也。

〔附說〕 若加以鮮筍，及蒜之類，則切爲細釘，與羊頭同時下鍋，用鏟刀攪勻，熟時盛碗而食，其味鮮美。

●羊膏　此爲去骨取肉，凍結而成。其肉以山羊爲上，綿羊次之。山羊帶皮食，皮尤可口。而綿羊須去皮也。其法如下：

〔料物置備〕　羊肉　花椒　醬油

〔應用器具〕　鉢　盆　刀

〔法　則〕　（一）羊肉洗淨後，以刀刮去骨頭，切成方塊，直約二寸，橫約寸餘之大小。（二）取水下鍋，將羊肉放入，以急火煑之，見肉熟稍爛，其汁適足浸滿羊肉時，改用緩火燒之，至肉極爛後，乃撒以花椒，倒入醬油，稍停片刻，卽可起鍋，倒於鉢中攤平，待冷，其膏自成。食時先以刀切成方塊，復切薄片而食。

〔附說〕　本品宜於寒季，然苟有冰箱貯藏，則夏日亦可置備。但其味濃厚，不適於盛暑耳。其肉以腿部爲上，腹部次之，頭部爲下。

●燉羊膏　一名灰羊，爲冬季最合食品。製法如下：

〔料物置備〕　羊肉膏　羊肉汁　醬油　白糖　大蒜葉　酸醋

〔應用器具〕　鍋架　碗

〔法　　則〕　取羊膏若干，放大碗內，同時和入醬油白糖及酸醋諸品，復倒入羊肉汁，使滿爲度，乃將碗移入鍋內鍋架上，注水關蓋，急火燒之，至開二透之後，加入大蒜葉，以作香料，片時卽可出鍋，進食。

〔附說〕　經濟之方法，可湊燒飯時蒸之，與飯同時起鍋。

●羊肉滷　此爲羊肉上之一種，惟先燒副品，而後燒肉者，肉嫩味美。製法如下：

〔料物置備〕　羊肉　生葱　生薑　大蒜　醬　油　食鹽

〔應用器具〕　刀　箸　碗

〔法　　則〕　（一）將羊肉洗淨後，去骨切成細絲，待用。（二）取生葱切斷約七分長。生薑先切片，後成絲。大蒜切片。與甜醬葷油食鹽共放一碗，相拌攪勻候用。（三）取水注鍋約半碗弱，燒以急火，至沸後倒入葱薑等品，見極熱時，然後以羊肉入之，速以箸不停炒和，不久卽熟，可起鍋矣。

〔附說〕 羊肉絲愈細愈佳，炒時愈速愈嫩，其味愈妙。

〔附西訣〕 歐西諸國，於羊肉未用之前，必先懸封數日，其燒法各部不同。如羊腳之肉，或燴或烘。前髀肉，則必燒烘之。肩肉，則出骨餡而烘之。排骨，則烤之。羊頭，則燴之。且須帶生。羊腿，則先烤後煑。其最好者為羊腿及前髀肉。又謂羊之臊氣在於油，故當去其油，在爐中燒之。肉須上架，勿煑於油。其副物有用蘿蔔者，有用香蕉者，有用辣芥汁薄荷汁與青豆者，其分配在各人之經驗所得而定之。其燒法最普通者，有下列數種。（一）烘羊腿：使肉帶生，則每磅烘十分鐘；如稍熟，則每磅十五分鐘。切其骨使短，置於熱爐二十分鐘，加熱水一杯，常以汁淋之，烘至肉帶生，每磅十分鐘。上席時以紙剪成花樣，并以蒝荽遮蓋其骨。（二）烘羊胛肉：胛肉為羊之背，如分之則為腰窩，斬之則為排骨。烘之則肉少，故劏塊須大，上去其皮，下去其油及腰上面之脂，略劃數紋，使上凸以表美觀。四邊之肉，折疊向下，卷如筒形。如用大塊背肉，當并用其尾，用熱爐烘之，常淋以汁。若烘之使帶生，每磅須九分鐘，紮成圓形，依其直線分切，與其節骨作平行線，再拔去其肋骨，然後反其前胛肉而切其梆肉；前胛肉配嘉倫子，凍而食之。（三）有餡羊肩：將羊肩之肉，去骨，注以饅頭屑一杯，白塔油二匙，碎蔯荽一匙，蠣黃十二枚，檸檬汁一枚，鹽一匙，胡椒小半匙，蛋一枚，實而縫之，入爐注水，放烘盆上烘之，每磅十五分鐘，常以汁淋之，上席用盆，上汁先去其油。（四）羊排骨：羊腰排骨，約寸許厚，去其油，成圓形，或削薄其兩端，使裹其骨，以籤扦之，使成圈狀。胸排骨則切之使薄，削其骨，切齊大小相等，其排骨烤法，或在火面，或在火旁，翻轉烤器，候其肉稍鬆，卽成。一寸厚之排骨，須八分至十分鐘，熟後撒鹽胡椒白塔油，放熱盆中，卽可上席。又有一種紙圍排骨，於煎鍋中放鹽猪肉片煎之，以切好之小羊排骨入之，煎至半熟，取出排骨，加斬碎之洋葱頭及料湯一杯，碎牛肉或雞少許，火腿及蔯荽等一杯，調味，取其汁一匙，放於已抹白塔油之紙，剪成新式花樣，排骨卽放於汁中，再加汁一匙，復反其紙而摺疊其邊，使裹其排骨，放入抹白塔油之盆，入爐烘十分鐘，極熱上席。（五）春令小羊：取生後二個月之小羊，殺後乘鮮燒之，煮透，分爲前後段，以水注盆烘之，每磅烘至十五分或十八分鐘，常以汁淋之，用薄荷汁上席。蔬菜用青豆或蘆筍尖，如用前身之段，則當敲裂其骨，斷分爲方塊，或去其胛肩，有一汁可在桌上做之，切開尖骨，取出，用白搭油二匙，檸檬汁一枚，鹽一匙，胡椒半匙，再擠合之，俟白搭油融後，上席。

（丁）雞肉種種製法

雞屬脊椎動物，雉科，爲最普通之家禽，故又名家雞。其種類因產地不同，有原雞，灰原雞，錫蘭雞，戰尾雞，烏骨雞，馬來雞，鬬雞，長尾雞，捲羽雞等等。其肉有補虛羸之功，惟若玄雞白首，及有六指者，有四距者，死而足曲者，均不可食。茲將其食品，列舉如次。

●**紅燒雞**　此爲肥嫩之雞，和以各種雜料，煑燒而成。其味清鮮，最爲可口。茲述燒法如下：

〔料物置備〕雞　猪肉　栗子　食鹽　醬油　黃酒　白糖　葱　薑　蔴油

〔應用器具〕刀　剪　鏟刀　碗

〔法　則〕（一）取斤餘重之雞一只，用手拔去喉管間之毛，然後用刀殺之，斷其喉管，將血瀝滴碗中（碗內預先放清水及鹽花少許）血瀝乾後，乃以清湯泡浸雞身，先拉去腳爪，與節之皮，及嘴之殼後，拔翼翅，與尾部之粗毛，再行盡拔全身之毛，務要撮拔乾淨，然後用剪剪開肚下，挖出腸雜，洗淨之後，用刀切作小塊，盛碗待用。（二）栗子十數顆，以刀破殼後，乃入鍋注水燒熱，取出，剝去其殼與皮，切作兩爿，待用。（三）將雞入鍋，同時和以猪肉數小塊，葱薑一紮，清水三白碗；闔蓋，以急火燃燒，沸騰之後，卽將黃酒傾入，俟沸時，乃改用文火，加入醬油與栗子，再燒再燜，然後復加食鹽，見爛熟時，少加白糖，少停，卽可起鍋，食時，嗜香者可加蔴油攪拌。

〔附說〕 燒雞之水，須一次放好，若燒後因乾再添，則減肉味。葱薑食時可以棄去，故切段或切片，均須大段大片，易於撮取。栗子燒雞，味鮮而甜。其餘如和薺菜香菇或韭菜等，亦爲普通者，在人之所好而定。惟和韭菜者，須俟雞肉成熟後加入。又或和以黃芪者，食之開胃。

●白炖雞 一名鉢裏雞。以用鉢封固其口，燒爛而成，惟此雞須揀其嫩，重量不過一斤者爲佳。其鑑別法有如下述，蓋雞足有四指，三指向前，一指向後，向後之一指上，有一小距，雞老者長三四分，次者一二分，嫩者則無此也。玆列製法如左：

〔料物置備〕 嫩雞一只 猪肉三兩 黃酒 食鹽 白糖 葱段 薑片

〔應用器具〕　刀　剪　瓦鉢　白紙

〔法　則〕（一）將雞如上紅燒雞法，殺死，拔毛，剖肚，去腸而後，整體洗淨，不可切開，乃取食鹽葱薑納入雞肚，用手徧擦之，再行放入瓦鉢中，將頭頸踠在膀下，倒水一小碗，黃酒白糖一概加入，用紙一大張，兩重蓋住，鉢口黏貼周密，不使出氣，卽將鉢移放鍋中。（二）鍋中倒入清水，以浸瓦鉢之大半爲度，上蓋鍋蓋，以急火燒之，隔一刻鐘，鍋內加入開水一次；如此隨燒隨加，以勿使湯乾而常浸過瓦鉢之過半爲主，約燒兩小時後，卽可起鍋而食，其味之優美，洵稱特殊。

〔附說〕　以此法而燒鴨，卽爲白炖鴨，其有以冬筍或香菇諸品作副物者，味益香美。

● 白切雞　此專用淸水燃燒，不和入各副物者，爲簡便而甜之食品。其法如下：

〔料物置備〕　雞　醬油　芥末

〔應用器具〕　刀　剪　大盆

〔法　則〕　除殺雞之法如上述外，將雞切爲五塊，頭與頸爲一塊，雞身劈作兩爿，又劈出前後兩段同時取淸水入鍋燒沸，而後將雞肉加入，以急火煑半小時，見雞已熟，乃取出辨明直紋，而橫切之約一寸之寬半寸之長整盛盆中，卽可進食食時以醬油芥末和蘸，甚可口也。

〔附說〕有用雞肉排置大碗中，不下水，放蒸籠內蒸熟而食者，其味更佳。蓋因雞汁不外出，原味甚厚也。

●燻雞　此以燒熟之雞，復用茶葉燃火燻製而成。其味香美，非常食也。特述製法如左：

〔料物置備〕雞　茶葉　蔴油　醬油　食鹽　葱　薑　茴香　黃酒

〔應用器具〕、刀　剪　燻架　盆　蒸籠

〔法　則〕（一）取肥嫩之雞一只，用刀殺死後，如上法洗淨之。乃將葱薑茴香食鹽諸品，塞入肚內頭頸踠在膀下，將肚向上，移放大盆中，復移蒸籠上，入鍋注水，急火關蓋，蒸燒至熟爲度。（二）取茶葉若干，攤置鍋底，上放燻架，置雞架上，然後鍋下仍以急火燒之，使鍋內茶葉焦燻，煙騰雞肉此時將雞反覆移置，而塗以醬油蔴油，一面復一面，約四五次而後，見全身透黃，卽告完結，切而食之，香豔非凡。

〔附說〕燻雞有先用湯燒熟而後燻者，則汁味減少，不若用盆蒸之，以保其汁。茶葉則用泡過後而晒乾者，似較經濟也。

●炒雞肉 炒雞肉，有清炒，有雜炒，種種不同。清炒者，不用其他雜物。雜炒，則和以菜心或栗子或薺菜或冬筍其味各有不同。和菜心者肥而鮮。和栗子者酥而甜。和薺菜者清而香。和冬筍者甜而鮮也。玆舉和菜心者，如左述之：

〔料物置用〕雞肉 猪油 菜心 黃酒 醬油 食鹽 葱 薑 大茴香

〔應用器具〕刀 鏟刀 碗

〔法　則〕（一）將雞肉切出如手指大小若干塊。以清水洗淨，瀝乾，入碗待用。（二）將菜心若干洗後切成細絲，先行入鍋，注水，燒至半熟時，撈出，以冷水浸之，瀝去菜氣，揑乾待用。（三）將猪肉取其肥者，條切而後，放入鍋內，用急火燒之。肉熬成油，鍋極熱之際，便將雞塊與薑一起倒入，用鏟刀反覆炒攪，見肉半熟時，乃以大茴香放入，同時將黃酒向鍋內淋傾一圈，急以鍋蓋蓋上，使酒氣與香味攢入肉中，見蒸氣直竪上騰，乃揭蓋和以醬油食鹽及清水（和雞汁湯更佳，）適浸滿雞塊爲度。於是復行關蓋，改燒慢火，約二十分鐘之後，肉八分熟時，再和以菜心，仍用慢火燒煑，度以十分成熟，卽可起鍋，盛碗上席而食之，鮮肥可愛也。

〔附說〕童子雞與生薑和燒，照上法行之，最爲可口。因新薑產生時，在夏間，故童雞炒新薑爲夏季應時妙品。

●炒雞片　此取雞肉腹部胸膛之肉，切片和炒而成。其味鮮嫩，人尤好之。製法如下述：

〔料物置備〕雞肉　猪肉　醬油　黃酒　食鹽　火腿　香菇

〔應用器具〕刀　鏟刀　碗

〔法　則〕（一）將殺就之雞，割其胸膛之肉，切成極薄之片，入碗待用。（二）猪肉肥者兩許，切片而後，放入鍋內，以急火燒之，熬出爲油，並燒鍋熱，卽將雞片倒入，急取鏟刀炒攪，不得少停。（三）炒片時後，卽將已切之火腿片，與浸過之香菇和入，同時並將醬油食鹽黃酒先後酌量放入，再用鏟刀略略炒之，見諸品調和濃膩，卽可起鍋，盛碗進餐而食之。

〔附說〕炒雞片，鍋要熱，手要快，方覺嫩而不老，食之有味。其有將火腿不和肉同炒，用以鋪面者，此乃表外觀，不如和炒之爲香也。又有用薺菜與干貝作副料，不用醬油等調食鹽者，稱之曰清炒。誠如所言，則上述者可名之爲紅炒矣。人謂紅炒者味香而濃，清炒者味鮮而嫩；此亦經驗之談也。又有謂之炒雞絲者，其法相同，不過一切成絲，一切爲片而已。

●溜炸雞　此取雞片用過所餘之頭頸，腿翼各部之肉，炸爆而成。其味香脆可口。述製法如下：

〔料物置備〕雞肉　葷油　醬油　酸醋　豆粉　生葱　白糖

〔應用器具〕刀　鐵漏匙　碗　鏟刀

〔法　則〕（一）將殺就後之雞一只，取其頭與腿，及兩翼兩腿，背脊之肉，切成小塊。以醬油和糖放大碗中，浸之，約一小時，略使透味爲度。（二）葷油倒鍋中，以急火燒至百沸，將雞放油中炸之，使極酥，勿焦爲度。乃以鐵漏匙撈起，瀝乾，一面將鍋內之油舀去，再將雞下鍋，以大碗浸過之糖油倒入，同時加以生葱段，用鏟刀攪動數下，再將豆粉調醋添入，復攪數下，即可盛碗上席。

〔附說〕有切成小塊後，不浸醬油糖中，將雞薄薄拌以豆粉，即放油鍋炸之，及撈起舀去餘油，方如上法炒之。又有炒雞排者，其法與此相同，惟切塊時，形式須作條形，大小相等，盛碗當排列整齊也。

● 罎裏雞　罎裏雞之燒法，與「白炸雞」大體相似，而香美尤過之。茲述製法如左：

〔料物置備〕　雞　黃酒　醬油　食鹽　葱薑

〔應用器具〕　刀　小罎　泥土　竹箸　白紙　蔴絲

〔法　　則〕　（一）取肥嫩雞一隻，照前法殺就，剖肚洗淨之後，切爲若干塊。納入小罎中，同時和入黃酒醬油食鹽葱薑及清水一碗。（二）用紙貼糊罎，並將竹箸數張，湊成輪式，放於紙上，以蔴絲縛箸於罎頸，復用泥土封固之。（三）取草屑之燥者若干，半濕半乾者若干，先以燥者作底，逐漸積聚成堆，而以小罎放入堆裏，上面蓋滿草料，乃引火從下燒之，約一日之時間，待草屑燒完，移罎吹刷外面灰塵後，乃揭泥封，鉗出盛碗，則覺香氣撲鼻，未食涎下矣。

〔附說〕　若以雞肉當夏時醃拌洋菜，或醃拌粉皮，卽稱爲煨雞拌洋菜或煨雞拌粉皮，尤覺淸香，爲夏日食品中之名貴者。

●**煨毛雞**　將雞殺死，先破其肚，不拔其毛，以灰火煨熟而食者，其味之美，勝過壜裏雞許多。特述製法如下：

〔料物置備〕雞　食鹽　醬油　黃酒　葱　薑

〔應用器具〕刀　繩　爛泥

〔法　則〕（一）取嫩肥雞一只，殺死而後，卽行開肚（割口不宜過大，以能挖取腸雜爲度）挖出腸雜，保留其毛。（二）取食鹽放雞肚內，用刀徧擦均匀，然後以醬油黃酒葱薑諸物，悉行入肚，乃以繩團縛之，成爲圓形；再將爛泥徧塗雞身，約寸餘厚。（三）取草屑如上述者行之，而以泥雞放堆裏，引火燃燒，待至泥團枯燥，開裂時，則雞亦熟。乃將泥雞向地擲下，則見泥毛盡脫，成爲裸體之全雞，卽行切而食之，香美絕倫。

〔附說〕　鄉民每於田野中燒土肥，若以泥雞入而燒之，其火功之力量，比草屑尤爲合宜，香味益好。其有預設醬油及酒一碗，以泥糊活雞之全身，而露其頭部，入火中燒之，雞熱則飲碗中油酒，而愈飲愈熱，愈熱愈飲，以飲與火逼死之，死後，去其泥羽，切而食之，味道尤勝。惟於愛生之道，未免過慘，有心人不爲也。

●煮雞鬆　雞鬆之味，比猪肉鬆鮮甜，煮法如下：

〔料物置備〕雞　油　醬油　食鹽　黃酒　葱　薑

〔應用器具〕刀　鏟刀　鐵罐

〔法　則〕（一）取生雞之肥嫩者一只，殺死後，用沸水泡浸，去毛，破肚，洗滌乾淨，切作若干大塊，和入醬油食鹽黃酒葱薑諸品，先行蒸爛，後拆其骨與筋，將肉之纖維，逐漸撕出。（二）取葷油入鍋，以慢火燒之，待鍋熱後，乃將雞肉攤於鍋底，微微焙之，同時以鏟刀之背彼此搨磨，使纖維鬆散，見油燥肉鬆後，淋以少許之蔴油，以鏟刀拌勻，再焙片時，即可起鍋，盛入罐中，俟冷關蓋，隨時取食。

〔附說〕燒雞鬆之火，務須微細，而鏟刀尤須刻刻不停的炒磨，不使結幷與焦黑。

●拌雞爪　本品手續簡單，而食味清美，爲夏時最衞生之食品。茲述製法如左：

〔料物置備〕雞肉　醬油　蔴油　黃酒　醬瓜　芽韭

〔應用器具〕 刀 鏟刀

〔法　則〕（一）先將醬瓜切成細絲，盛碗，再以芽韭入鍋，略炒之，見將熟，卽起鍋，和入瓜絲內。乃酌取醬油蔴油黃酒置於一起。（二）取雞胸部之肉，割下，切爲細絲，攙入滾水，再滾而後，卽行提出，盛於瓜絲碗中，拌勻而食，甚覺清香。

〔附說〕 芽韭炒時，不可過熟；倘過熟，卽失香味。

●蛇汁雞　此以青肖蛇汁，傾煮而成；其味鮮美，非普通食者所能及也。茲述其製法於後：

〔料物置備〕 雞　青肖蛇　干貝　火腿　食鹽　黃酒　蔴油　葱　薑　蒜

〔應用器具〕 刀　青竹　竹刀　碗爿　小細篩

〔法　則〕（一）將雞之肥嫩者一隻，如前法殺就後，以急火燒熟，撈出，切塊，盛碗待用。（二）買青肖蛇一條，用青竹打死之，復用碗爿劃開嘴峯，將皮勒下，剝至尾端，用竹刀切斷首尾，入水洗淨後，寬湯入鍋，燒煮半日，見肉糜爛之後，用細篩撈出蛇肉與骨，卽將雞肉倒入蛇湯中，同時以先燒好之干貝火腿及食鹽黃酒醬油蔴油葱段薑片蒜片一起和入，一透之後，改用文火煮之見極熟時，卽可起鍋上席。

〔附說〕據醫家言本品非但味道異常，且功能補體去濕散風。凡患癩斑症者，若數數食之，則必能使肌膚潤澤，光滑自喜也。

●醃風雞　此爲殺就之雞，先以鹽醃後，從風吹乾，然後燒煮而食者。其味香而嫩，且耐久藏。茲述製法如下：

〔料物置備〕雞　食鹽　黃酒　葱　薑

〔應用器具〕刀　剪刀　竹篾　蔴繩

〔法　則〕（一）取肥嫩之雞一只，殺死，拔去毛臟諸物之後，用水洗濯乾淨，以繩縛住下脚，倒掛釘上，待其水乾，乃以食鹽徧擦外皮與肚裏，復用竹篾作弓形，如彈簧彈緊雞肚，而開創口，然後懸掛於通風處所，漸漸待乾。（二）數月以後，乃取而切爲若干塊，入鍋注以適當之水，急火燒之，至沸而後，和入葱薑與黃酒，關蓋燜燒，改用文火，二透而後，卽可起鍋而食矣。其味香而爽口，可與火腿比美也。

〔附說〕此品燒食時，無論鹹淡，不可加鹽，如覺過鹹，可在未入鍋時，略洗鹹水，倘過淡，則食時略以鹽蘸之。雞醃之後，如不懸掛通風之處，藏在缽桶諸器之中，則爲醃雞，無須彈以竹篾。其有和乾菜或蘿蔔乾放在一起者，則乃防其腐爛而且留有菜香。

〔附西訣〕歐美人之食雞，與吾國不同，殺雞亦多異處。當雞死後，不過湯，先拔其硬毛，再以酒或紙燒其毫毛。去毛而後，用水一盆，布一方，洗淨之，乃以刀剖腹，取出腸胃，不復入水，以濕布拭之，然後斬其頭，切其頸皮，去其食嗓氣管等，復屈其腳，將節皮切開。有欲出骨者，則暫不去其腸雜，保好外皮，不令碎破，乃用小刀順其脊，直開其皮，由頸部起，將肉削離其骨，須貼骨削之，削至翅足各節，則反折其爪趾，而削取其肉，此面已削，復削彼面，而雞胸骨之皮甚緊，小心勿穿其皮，候肉皆離其骨，去腳與翅骨之肉，而反出之，且勿碎其骨節之皮，惟翅部尖端，去骨不易，可隨便。

燒雞之法，有下列數種：（一）烘出骨雞：以出骨雞攤於板上，其皮向底，將雞腳雞翅之肉，盡反出之，塞入胸餡，使如原形。其肉須分均勻，用小塊排列襯於精肉之上，撒鹽胡椒，將餡捲納於雞，以其皮蓋而縫之，再翻轉其雞，將脚與翅紮好，再整理其身紮之，或爲鴨形，或成兎形，用鹹肉片蓋好，入爐烘之，每雞一磅，烘二十分鐘，時時淋汁，最後十五分鐘，去鹹肉，撒麵粉，烘黃，配雞雜或蕃茄汁上席。（二）孛來司出骨雞：照上法製雞，用知斯布拌而紮之，雞骨入燒罐中，加紅蘿蔔洋葱頭各一片，荳蔻桂葉一塊，丁香三粒，胡椒十二粒，成一束，或用旱芹小牛膝一個，加水蓋浸蔬菜骨等，入雞蓋煮四點鐘上席。（三）出骨雞之肉餡：用另雞之肉，或小牛肉，或猪肉，及其他攙和之肉，斬碎加饅頭或餅干屑一杯，或用碎火腿舌及猪肉條數條均可，再用以下之物，爲調味料，如荳蔻一匙，洋葱頭汁一茶匙，胡椒一匙，茶四分之一，茴香一茶匙，鹽一茶匙，用料湯調濕；如用小牛肉，則用牛膝骨，則置孛來司罐中，使成佳凍。（四）烘雞：烘雞有用餡者，有不用餡者，均須用鹽胡椒撒之，再入烘盆，用鹽猪肉加水少許，每磅須時十五分鐘，常淋其汁。其白肉須燒之使透，而不令乾，將成十五分鐘前，上以白塔油，撒上麵粉，再入爐候起金黃色而脆，用荳蔻爲飾，配雞雜上席。（五）烚雞：凡雞之老者，以烚爲宜。其法取雞紮緊，縛成佳樣，有餡與否均可，用飯以白塔油胡椒鹽調味，或以旱芹切碎爲餡。以雞入滾鹽水熬之，每磅須二十分鐘，燒好解縛，胸部抹白汁，撒碎莀荽爲飾，配蛋黃或班內斯汁。（六）烤雞：惟童雞可烤，於背部切開，去腸雜，去胸骨，拭淨，撒鹽胡椒末，用軟白塔油抹之，入烤煎，慢火烤之，使雞腹部向下，以盆蓋之，烤二十分至二十五分鐘，將好再翻轉，令皮黃，上熱盆，抹梅胎霍脫白塔油，以莀荽水芹及檸檬片上席。（七）弗烈克思雞：以一雞切十一塊，下腿二塊，大腿二塊，翅二塊，胸二塊，背二塊，同白塔油或滴脂二匙，使面色燒黃，勿焦，候其起色，以滾水蓋之，加香草鹽胡椒粉，鹹肉數斤，熬之使酥，排列於盆，佳者置面，照法製汁，倒以盆中之水，濾之，撇油，用白塔油一匙，米麵二匙，再加盆中之汁一杯，調味，成爲白汁。離火，候其稍冷，加奶油或牛油一杯，與蛋黃二三枚，同打，再入火，使蛋厚，勿滾成塊，如喜加色利酒一匙，菌半罐，亦可。雞之四圍，可置飯或圓邊形，雞之下面或置軟烤饅頭，欲做黃弗烈克思，則雞煑酥後，加鹽胡椒末麵粉入爐，烘黃。勿做白汁，而做黃汁，勿加奶油牛奶等。（八）煎雞：將嫩雞切塊，蘸水，撒鹽胡椒拌麵粉，用猪油或白塔油一匙，煑兩面使黃，取出，鍋中加麵粉一匙，勿令黃，不停手炒之，約一分鐘，加奶油牛奶一杯，調之稍厚，濾之，入碎莀荽一匙，將汁置於上席之盆，排列雞塊。（九）板燒雞：以雞一只，將背骨斬開，依烤雞之法製之，於煤火上，或自來火上烤五分鐘至八分鐘，烘焦其外層，多用白塔油燒之，再入火烘之半點鐘至一點鐘，照其所需之火候而定，每五分鐘用熱水已融之白塔油燒之，置於熱板，其旁置罐羹飯，其空間已煑之菜花玉黍，弗利太有餡之番茄，煑熟小洋葱頭，另用器具配蘭蘭台斯或卑克梅汁上席。（十）雞饅頭：以雞烚至離骨，濾之，取汁，再入燒罐燒至成一配特半，加芊菜一盆四分之一，用烚硬蛋數塊，入模子底，用雞之里白肉相間鋪之，將汁調味，倒入模中，使之凝結成凍，隨時候食。（十一）飯燴雞：將雞一只，飯四兩，料湯一誇脫，葱頭二枚，芹菜三枚，香草一束，蒝荽茴香桂葉胡椒粒與末鹽等諸料物備置後，乃以雞如燴雞法紮之，入燴罐中，或入陶器燜盆，加冷料湯，俟沸，加洋葱芹切大塊，胡椒粒香草等，用葛布紮之，蓋緊慢煑一點鐘，加洗過之米，加鹽慢煑，候米雞皆軟，湯皆收吸於飯上，席前，取出蔬菜香草，用鹽胡椒末調味，雞置於熱盆中，將飯圍置其旁，時約一點半至二點，即可。

（戊）鴨肉之各種製法

鴨屬脊椎動物，爲游禽類。其形狀人皆知之，雄者頭綠，文翅；雌者黃斑色，亦有純黑純白者。其肉富滋養力，能補虛除熱，利臟腑，通水道，醫藥家謂鴨感金水之氣而生，性降屬陰，入肺腎二經，爲益陰之品。以白者爲良。動物學分爲四亞科，一曰鴨亞科：其跗蹠部比中趾短，嘴根之寬厚略相等。二曰秋沙鴨亞科：其狀嘴狹長，緣有齒稜，雄之頭頸皆黑，上背及肩部亦黑，下背及尾皆灰色，下面白，雌之頭部，及上頸，褐色，有冠毛，體之上面灰色，雌雄之中央腕翼皆白，尾羽十八枚，翼長約尺餘，雖產於北地，至秋則南渡，營巢於樹洞中。三曰雁亞科：頸長，嘴至前方漸狹，嘴端剛硬；腳短，在體之後部，跗蹠部比中趾長。四曰鵠亞科：嘴緣無齒狀物，跗蹠部比中趾短。四科之中，吾人所習見者爲鴨亞科，係人家所畜，爲家畜中之一種。其肉如上述外，又有黃雌鴨者，滋養尤多，惟患腸風下血者須少食。茲述烹調法如次：

●紅燒鴨　鴨之烹調，與雞大略相同。惟鴨之小者有腥味，須擇其大者而食之。茲舉紅燒製法如左：

〔料物置備〕鴨　油　食鹽　醬油　黃酒　生薑　白糖　葱

〔應用器具〕刀　鉗　剪　稻草灰　鏟刀　碗

〔法　則〕（一）取鴨一只，如同殺雞法殺死後，將稻草灰撒其全身，以手用力擦徧，然後拔去其毛，毛乃易落。倘有黑色之短小毛管隱露皮上，乃以鉗輕輕鉗出，不使傷破皮肉。毛拔淨後，入清水略浸之，洗去灰塵，復取剪刀剪破腹下，取出腸臟諸物，再以清水洗淨，然後切成方塊，橫直約七分大小。（二）倒油入鍋，燒熱之後，將鴨肉傾入，以鏟炒之。見其肉上所帶之血水乾燥，則爲鴨肉將脫生之時。取食鹽一撮撒入，復略炒之，乃用醬油黃酒及生薑片，一起加入，再翻復攪炒若干次。見油酒等皆被鴨肉吸乾時，卽行加水一大碗。使浸到鴨肉大半爲度，乃關蓋煑之，隔半小時後，揭蓋見汁稍乾，復加以水，約再燒二小時後，卽熟可盛碗上席，其味香美，與雞比勝。

〔附說〕鴨拔毛用稻草灰，是編者經驗所得。若用湯先浸，同殺雞法，似乎經濟而且易也。鴨之副料，亦有用栗子鮮筍等物，與雞同者，在人之自便耳。燒鴨所加之薑片，愈多愈香，毫無辣味，可與冬筍齊觀。

●清燉鴨　此爲用副料一起下鍋燒成。紅燒取其味之濃美。清燉在其味之鮮美。茲述如次：

〔料物置備〕鴨　葱　薑　黃酒　火腿　蔴菇

〔應用器具〕刀　剪　碗

〔法　則〕（一）取鴨之肥嫩者一只，如上法殺死，去其毛臟，洗清後，將背部剖開，剁去頭足，放入鍋中多注清水，同時和入葱枝與薑片急火燒之。（二）將火腿切片蔴菇去根，洗滌乾淨而後見鍋內鴨肉煑軟時，一同加入乃關緊鍋蓋以慢火燒之。約二時後，酌加食鹽，復燒二透，卽可起鍋陳盛大碗中，以腹面向上，滿湯而食，其味之清口，令人垂涎。

〔附說〕清燉鴨務燒極爛，全身上席。有燒熟後而切塊者，旣失美觀，且覺乏味。

●蒸乾鴨　一名罐蒸鴨，亦曰神仙鴨。其味鮮甜濃厚，從炭火文蒸而成。茲述於下：

〔料物置備〕鴨　醬油　黃酒　葱　薑

〔應用器具〕刀　剪　磁罐　紙

〔法　則〕取鴨一只，如前法殺死，去毛破腹，洗淨之後，將刀切成大小相等之塊若干。

卽刻放入磁罐內同時取醬油二兩，黃酒半兩，食鹽一撮，葱枝數榦，薑片若干，先後裝入罐內，蓋上罐蓋，用白紙糊封縫口，不使稍稍出氣，乃行移置燥鍋裏，用炭火燒之，初燒放多塊之炭，見鍋罐均熱後，乃撤去三分之一，改以微火，約二時餘，卽可出鍋，起蓋而食之，殊覺香凝之味。

〔附說〕　蒸鴨裝罐時，先入鴨脚作墊，以免枯焦，蒸時，鍋內不可滴入一水，以免爆裂。

●燒片鴨　一名爛駁鴨，爲炸爆而成。其味香脆，雖爲鴨肉中之常食，而味之合口與否，全關於作者。茲將本法述明於左：

〔料物置備〕　鴨　油　醬油　白糖

〔應用器具〕　刀　剪刀　大海碗　鐵絲瓢　盆

〔法　　則〕　（一）取鴨之肥嫩約斤餘重者一只，如前法殺就，洗淨之後，切作五大塊，分頭頸兩翼兩腿爲五股，放入鍋中，注入一海碗之水，關蓋以急火燒之。水開後，漸以慢火燒之。燒熟至爛爲度。（二）一面取大海碗一口，倒入醬油，調以白糖，攪拌使二物化合，乃取煑熟之鴨，逐塊浸入，隔數分鐘後，反面再浸，如此停放一小時。（三）將油（葷油素油均可）倒入鍋中，燒沸之後，取碗內之鴨，放入炸之。見色透黃，乃以鐵絲瓢撈起，瀝乾其油，然後帶皮切片，厚約三分，寬約一寸，齊盛於盆，即可上席。

〔附說〕　炸鴨油鍋，火須慢燒，以免焦裂。又有將生肉先浸油糖而後，再入鍋炸之者，則謂之曰食生駁。

●燒板鴨　板鴨即醃鴨壓扁如板者，此物以南京最著名，善治此者，其味香美，不善治此者，則覺鹹而乏味。茲述其法如下：

〔料物置備〕　板鴨　黃酒　葱屑　猪肉

〔應用器具〕　刀　碗　缽

〔法　則〕　（一）取板鴨一只，洗淨之後，入鍋注水燒之，及沸片時，即行取出，浸入有冷水之缽中；片時，再行取出，再入鍋，沸水中浸之，不久復取出入缽，彼此撈浸，約三次以上，然後切塊，待用。（二）取猪肉之肥者二兩，切碎入燥鍋內，以急火熬油，見油出若干時，即以鴨肉倒，入同時加以醬油黃酒淋之，改燒慢火，以爛熟爲度，肉熟，將盛碗時，撒入葱屑，略攪之即可起鍋。

〔附說〕　燒板鴨，不得法者，每每愈燒愈縮，皮裂走油，非但失其美觀，減少汁味。本法以冷沸二水互浸之，乃取陰陽並用，冷熱兼施，阻止走油，不使皮裂。

●湯鴨　此爲肥鴨和火腿諸品，隔水蒸燉而成，其味鮮美爽口。茲列其蒸法如左：

〔料物置備〕　鴨　火腿　香菇　榨菜　葱　薑　醬油　黃酒

〔應用器具〕　刀　大碗　魚盆　鍋架

〔法　　則〕　（一）肥鴨一只，如前法殺就，拆去大骨待用。（二）將火腿切片，香菇浸湯，洗淨切碎，榨菜洗淨切絲；葱薑成屑，攪拌一起，灌實鴨肚內，以腹朝上，放在大碗中，以魚盆蓋碗上覆之。（三）注水入鍋內，置鍋架，然後將鴨碗連盆移置鍋架上，關以鍋蓋，急火燒之，二透之後，改用慢火，嚴蓋蒸燒，約二時左右，鴨肉方熟，乃可出鍋而食，其味香膩，有勝紅燒。

〔附說〕　此品有充和干貝或蝦米諸品，同火腿入肚者，味似較甜，然倘調製失宜，則反添腥，不如勿用爲妥。

●肉腐鴨　此以猪肉及各香味滿塞鴨腹，燒熟而成。味道濃厚，特出別蔬。茲述製法如下：

〔料物置備〕鴨　猪腿肉　香菇　扁尖　火腿　醬油　食鹽　黃酒　薑　葱

〔應用器具〕刀　剪刀　碗

〔法　則〕（一）取肥鴨一隻，照前法殺之，去毛與肚，洗滌乾淨。（二）將猪腿肉剝去肉皮，切作小塊和入薑葱食鹽，拌攪後，用刀細細斬碎，見成腐爛而已。（三）將扁尖浸入熱水，使之放大；香菇以熱水泡洗，去其下脚；火腿切作極薄之片，各備待用。（四）取肉腐塞入鴨肚，約滿，乃入鍋以等量之淸水注之，用急火燃燒。水開一透後，加入香菇扁尖二品，改用慢火燒之。見肉將熟時，乃放入食鹽與醬油，後放入黃酒與火腿片，再行關蓋，慢燒一句鐘，即可起鍋，陳盛大碗上席。

〔附說〕以此之法，塞實糯米與杏仁等品，亦甚可口，而且滋補衞生，惟用此者，其味須略淡。

●西瓜鴨肉　此以鴨肉藏置瓜內，入鍋燒成。味鮮而甜，爲夏時特殊食品。製法如左述之：

〔料物置備〕西瓜　肥鴨　食鹽　茴香　紹酒

〔應用器具〕　刀　剪刀　大碗　箸

〔法　則〕（一）取西瓜一個，務要極好之種，皮厚而光且整圓者。以刀剖開瓜蒂部，分如瓶蓋，乃以箸攪之，使瓜肉成汁，而撈清瓜子與筋，妥置待用。（二）取鴨之肥者一只，如上法殺之。洗淨後，拆去大骨，而後切作數塊，一一放入西瓜中，乃將西瓜移入桃鍋內，小心放下。注清水浸瓜一大半，然後燒以略急之火，待水開時，即燒以慢火，見肉將熟，加入茴香紹酒醬油諸品，乃合蓋，仍以慢火燜燒，過半點鐘時，揭蓋視之，而嘗其肉，倘無生氣，有甜香，即得。起鍋時，先以匙去清湯，小心移瓜出鍋，盛大碗中，連瓜上席。

〔附說〕　本品之火，只可使之慢，不可燒以急。所用之碗，須比瓜大，如無此項大碗，可用磁缽等器代之。汁肉食完之後，有連瓜皮食之者，味亦頗鮮。

〔附西訣〕　西人燒鴨，與雞肉同一手續。惟殺淨之後，其胸骨須用麵棍擊碎，煑時和洋蕃薯洋葱頭賽瞿鹽胡椒末，或用饅頭蘋果葱頭賽瞿白塔油鹽，或旱芹爲餡，然後入熱爐烘之。童鴨各帶生烘二十分鐘，要熟則三十分鐘。老鴨須一點鐘，常須淋汁。

（己）鵝肉之燒法

鵝，游禽類，歸鴨科，由雁之一種。曰原鵝者，飼養而生之變種，人家每有畜之，狀態爲常見者。其種類可分五種：第一曰蔞鵝，爲中國之原產，羽多白色，體較小，性勇敢，肉味佳。第二曰切臘鵝：爲法國之原產，羽色多灰褐，育之易肥，但肉味不甚佳。第三曰愛騰鵝：爲德國之原產，羽多白色，性溫和，體強健，易長成，且易養，肉味佳。第四曰原鵝：面部帶黃赤色，嘴黑，後頸部有暗褐色條紋，腳橙黃色，翼長約一尺餘，多蕃殖於西伯利亞之東部，或謂此卽鵝之原種，故名。第五曰蓑鵝：羽毛分披如蓑，故名。吾國之食鵝者，不若雞鴨之普徧，其肉有蒼鵝肉與白鵝肉之別，蒼鵝之肉，其性寒而有毒，食之易發瘡腫，不可食；而白鵝則無毒，氣味濃厚，然其能發風發瘡，亦與蒼鵝同。若以燒爊而食則尤甚，此所以食之無如雞鴨之多也。茲述其食法如下：

●蒸鵝　鵝既有如上述之弊，食者不多，然因其肉肥而味甜美，亦有蒸熟而食之者。茲述之：

〔料物置備〕　鵝　食鹽　黃酒　葱　薑

〔應用器具〕　刀　剪刀　桶　鍋架　大魚盆

〔法　則〕（一）取肥鵝一只，殺死去毛破肚，照上所述殺雞手續行之。殺就洗淨後，乃以食鹽徧擦內肚，實以薑葱諸品，外敷黃酒使徧，乃移放鍋架上，移置鍋中，注水離架寸餘，然後關蓋，初以急火燒之，至沸而後，乃改用慢火，徐徐燃燒，約二時左右即熟，乃起出放大魚盆上，撕肉而食，味甚鮮美，如蘸以蔴油，尤爲可口。

〔附說〕　鵝肉平常取食者少，然於祭神祀事時，每多用之。吾鄉於新年與清明之際，有所謂『肥鵝』者，製法如雞燒之，其味鮮甜濃厚，爲應時妙品。其法完全由人工喂養，禁其游泳覓食，關置篋籠內，每日飼以麥粉或玉蜀黍粉，作成桑椹大小之丸糰，滿塞其口而飼之。如此月餘，鵝竟失其本能，不能行動，而皮肉日漸肥厚，脂肪層生，體遂加肥，殺而食之，甜美絕倫。北人有稱『塡鴨』者，與此同法。

〔附西訣〕　西人之鵝肉食法，與雞鴨同。惟須揀四月大之童鵝而食，以老則肉硬也。如不知其老嫩，則不用烘法而用孛來司法，然後再烘；凡嫩鵝每磅烘十八分鐘，老鵝二十五分鐘。配蘋果醬黃烚汁上之。

(庚)蛋食之種類製法

蛋爲鳥類卵之總稱，通用則多指雞蛋鴨蛋而言；其質結合濃厚，補益人身，且易消化，爲最有益之食品。而其製食之法，千變萬化，種類甚多。而蛋之新陳，關於調製與衞生者極大，主事者當有以別之；大凡蛋之鮮者，量必重，入水必沈，照於燈光或日光，見有明晰之黃；如蛋不鮮，則其汁之一部分，必已化氣，而含有空氣，且浮於水，而殼有黑點。欲保存其蛋，其最要者，將一層油或膠或蠟塗蛋之小孔，可阻空氣入蛋，以化淡氣，儲法宜以尖部植之，置於陰冷之地。又有一法，儲於重石灰水中。茲列蛋食之普通者，如次：

(一)茶葉蛋　此以茶葉食鹽作和煮成，味甚香美，可當蔬菜，亦可當點心，人多好之者。此蛋煮之，須使蛋黃嫩而茶鹽又入味，若不得法，二者必缺一焉。茲調製如下：

〔料物置備〕　雞蛋　紅茶葉　食鹽

〔應用器具〕 大海碗　磁罐

〔法　則〕 取雞蛋若干個，逐一洗滌乾淨，即行入鍋，注清水滿蛋而後，關蓋燃燒，見水騰沸，即行取出，放入有水之大海碗中，激之使冷，如此再行燒之，可使蛋黃不老；一沸一冷，約三次後，乃將蛋殼打碎，作裂紋之狀，然後另換清水，加入茶葉食鹽，入鍋再燒，約以入味爲止。起鍋後，盛置磁罐中，隨時取食。

〔附說〕 倘第一次沸時，火力過度，久而不取，激冷水中，則其黃必老。則雖多浸冷水，亦歸無效。打碎蛋殼，使其收入茶葉之味，其有略入茴香，同茶葉燒之，其味亦佳。食時蘸以椒粉，尤覺香氣。其或不放茶葉而煑者，即謂之熘黃蛋，而其燒法亦須照此爲上。食時須以食鹽蘸之，以易消化，而免宿哽；其用醬油者，味雖略佳，以言消化與衛生，不若食鹽，食之者宜注意及之。

●炒蛋　以蛋破殼乾炒而食，其味鮮潔，若和以他物，則味亦隨之而變，視物品爲如何也。述之如次：

〔料物置備〕 雞蛋　食鹽　脂油　黃酒　葱屑

〔應用器具〕　碗　箸　鏟刀

〔法　則〕　（一）先取蛋數個，破開，傾洩碗中，少加食鹽及葱屑，以箸打勻。（二）取猪油入鍋，見油沸鍋極熱時，卽將蛋汁傾入鍋中，速取鏟刀亂炒，使不結塊，成爲細絲；見將脫生時，淋以少許之黃酒，復略炒之，卽可起鍋。

〔附說〕　炒蛋鍋須熱，而手脚須快，能使鬆軟爲上。其有和以干貝者，卽須將干貝浸入黃酒，先行蒸熟，撕成細絲後，方可加入蛋內同炒。又有加入蝦仁者，卽不須先蒸熟，可同時入蛋合炒之。此蛋炒熟時，見其色如硫黃，故有名之曰硫黃蛋者。

●油炸蛋　此爲雞蛋或鴨蛋破殼入鍋，油炸而成。其味肥美而香，甚爲可口。述其製法如下：

〔料物置備〕　蛋　葷油　醬油　食鹽

〔應用器具〕　鏟刀　盆

〔法　則〕　取油若干入鍋（其油之量視蛋之多寡而定，約每一蛋須油半兩餘，）先行燒熱，一方取蛋破殼入鍋，卽時於蛋黃內少放食鹽，如此逐個行之，見先入鍋者下面炸黃，乃反轉上面炸之。一一反復之後，取其先黃者先起鍋，逐漸盛入盆中，即可上席。食時蘸以醬油，堪稱上品。

〔附說〕本品之蛋黃，愈嫩愈佳，故見蛋白兩面透黃時，即可取出。食時見黃流動如蜜者為上，有人稱其名曰油蜜蛋，意即在是。炸蛋時，火不急，以免熬焦。

●桂花蛋　此專取蛋黃和桂花諸品，以油炸爆而成。南人不多見，北人每喜食之；味道優美。製法如左：

〔料物置備〕雞蛋　黃粉　白糖　桂花醬　葷油　山渣糕

〔應用器具〕碗　勺　刀　盆

〔法　則〕（一）雞蛋數個，破殼瀝去蛋白，打和勻淨，並和黃粉少許，白糖數兩，桂花醬少許，調之候用。（二）取山渣糕一塊，用刀切成細丁，一面取葷油入鍋，先行燒沸，即將調和之蛋黃，傾入鍋中，急取鐵勺用力攪篩，見蛋漸起濃厚，乃和入山渣，略調拌之，即可起鍋。盛盆而食，味甜而香。

〔附說〕 此品宜多用油，宜拌攪迅速，火候宜慢急適當。

●茨菰蛋 此爲以猪小腸灌滿蛋汁，和火腿諸品淸燒而成。物雅觀，味鮮美。述製法如下：

〔料物置備〕 雞蛋 猪小腸 火腿 筍片 食鹽

〔應用器具〕 碗 匙 箸 線 刀

〔法　則〕 （一）雞蛋四個，破殼入碗，約注淸水八瓢匙，以箸拌調使薄，待用。（二）小腸一條，淸水洗淨後，一端以蔴線縛緊，卽將蛋汁灌入腸中，使滿，再將此端亦用線縛緊，勿使蛋汁流出爲佳。（三）取水注鍋，以急火燒沸之，然後將腸放入，待熟取出，俟冷後用極薄而快之小刀切之，每四五刀連續一刀，切斷成連環形，復入鍋燒之，同時加入火腿筍片及各種美味如雞汁等湯，然後酌放食鹽，至湯沸取出，盛碗上席，卽見湯卵圓圓突出如茨菰。

〔附說〕 此物視腸之長短，定蛋及水之多少。取鍋時宜小心輕炒，以免連環而斷也。

●三色捲蛋 此以韭菜精肉諸品和作而成。外表可觀，色味香美，不論下酒過飯，均甚相宜。其製如下：

〔料物置備〕雞蛋　豆粉　葷油　猪肉　蝦米　醬油　葱花　韮菜

〔應用器具〕碗　刀　蒸籠

〔法　則〕（一）雞蛋二個，破殼入飯碗中，加以豆粉一匙，和水少半小碗，一同打勻，待用。（二）將葷油入鍋熬徧爲度，下以微火燒之，鍋熱而後，卽行移置火旁，倒入蛋汁，以布揑鍋柄而旋轉之，使成圓餅，適熟卽起鍋。（三）一面將猪肉之精者，切出細粒，和以蝦米并醬油，以刀略斬之，使調拌均勻，鋪入蛋餅上；又將韮菜切出，鋪於肉上，然後將蛋餅捲轉，捲成筒形，放入蒸籠中，乃移籠入鍋，急火燒之，至開卽熟。熟後，以刀切塊，盛於盆中，卽見黃紅綠三色，頗覺鮮豔，食之香而有味也。

〔附說〕　調蛋之豆粉與水，視蛋之多寡而增加。蛋餅則愈薄愈好，而且大則捲筒層色愈多，外觀愈美，切塊刀須快，則輪紋清楚而物潔也。

●燉蛋　此以蛋破殼，打調後，蒸燉而成。不和他種物質者，謂之清燉。和他種物質者，則以物汁而別其名。如和以蝦仁者，爲蝦仁燉蛋。和以腿肉者爲腿肉燉蛋。其味均極鮮美。玆述製法如左：

〔料物置備〕蛋　食鹽　黃酒　葱　薑　蝦仁
〔應用器具〕碗　刀　飯架
〔法　則〕（一）先將清水蝦擠出蝦仁，和些微之食鹽黃酒葱屑薑末盛碗待用。（二）雞蛋或鴨蛋二枚，破殼入大碗，用箸打和之後，卽將蝦仁和入，攪拌均勻，然後加以滿水，卽行移置鍋架上，倒水入鍋，移架鍋中，以急火關蓋燒之，約二十分鐘之時間，卽熟。
〔附說〕此品有不加水而蒸燉者，謂之乾燉。有不用鍋架，卽將蛋碗放鍋中，注水蒸燉者，卽火力不可過急。有俟燒飯在鍋，將熟時，撥開飯粒，將蛋碗坐入者，卽較爲經濟。蒸蛋倘未熟，取出卽如乳如泔，固不可食；若太熟，則如棉花，亦不可食也。又有取醃蛋如上法蒸之者，味亦美，惟不可放入食鹽。

●肉心蛋　此以蛋去黃取白，納入猪肉或蝦仁諸品，代黃者亦如上法，蒸燉而成。其味特別有致。茲述如下；
〔料物置備〕蛋　猪肉　食鹽　醬油　黃酒　葱屑　薑末　蔴油

〔應用器具〕 碗 刀 箸 白紙

〔法　則〕 （一）取新鮮之雞蛋或鴨蛋，將其一端開破如小指大之一孔，瀝出蛋白入碗中，復以箸插入殼內，小心攪散蛋黃將黃另瀝他碗，而空蛋殼。（二）取猪肉之半精半肥者，以刀斬爲肉腐，同時加入食鹽醬油黃酒葱薑諸品，撮取如蛋黃大小者一塊，徐徐納入蛋殼中，將蛋殼旋轉滾成丸形，然後將蛋白灌入至滿，而後即用白紙封固其口，握蛋力搖，使蛋白勻散，乃將口向上，移入飯鍋內蒸之，一透即熟，起出後，入冷水內激涼，再行破殼而食，蘸以蔴油，有特殊之味也。

〔附說〕 此品有將白紙封固後，取辣醬塗於殼上，浸入醋缽中，浸三四分鐘後，取貯盆中，隔湯煑之者，熟時起鍋，見其形色如松子，因即名之曰赤松子，食之無異山珍。

●燻蛋

此以整個燒熟之蛋，去殼燻製而成。其味香美，爲下酒過粥最好者。作法如下：

〔料物置備〕 蛋 紅糖 甘草末 茴香末 食鹽

〔應用器具〕 燻架 盆

〔法　　則〕（一）取蛋若干個先入鍋，以清水燒之，照上『茶葉蛋』之法燒熟後，去殼置盆中候用。（二）取甘草末茴香末紅糖放入鍋內，上置燻架，卽取盆中之蛋，一一放入，關以鍋蓋，然後引火在鍋底燃燒，鍋熱之後，則鍋內之甘草等焦灼出煙，騰燻於蛋，揭蓋見燻徧時，卽可取出，上盆而食之。

〔附說〕　此蛋食時，如欲剖開，最好用線鋸解，勿以刀切之，並撒食鹽少許爲妙。

戍斤蛋　此以雞蛋十餘個，約斤重之數，乃破殼倒入猪尿泡內，封口包製而成。其法如下：

〔料物置備〕　雞蛋　猪尿泡

〔應用器具〕　蔴線　碗　箸　油紙

〔法　　則〕　先取猪尿泡，吹氣使大，如氣球（孩童玩品），拭之潔淨，乃取雞蛋十數個，破殼入碗，以箸打和均勻，卽行灌入猪尿泡內，見滿而止，乃取蔴線緊紮其口，復以油紙全個包之，沈浸井底，隔夜取出，以淸水注鍋，解開油紙，燒煮二透而後，卽熟，破泡而視，則見黃中外白，與原蛋無異。

〔附說〕　此品黃白分淸，無異原蛋，其故在於沈浸井底，使受寒氣而分離，而相結，亦堪爲學者研究也。

●蛋餃　此以雞蛋或鴨蛋破殼打和後，先做成蛋皮後裹以餡而成。其味非常可口。玆將製法述之如左：

〔料物置備〕　雞蛋　猪肉　猪油　高湯　金針　木耳

〔應用器具〕　匙　刀　箸　鍋勺　碗

〔法　　則〕　（一）取雞蛋數個，破殼入碗，以箸打調極勻，待用。（二）取猪肉精肥和合者若干，洗淨之後，細斬成肉腐，而和以葱屑食鹽或火腿諸品，盛碗待用。（三）將小鍋勺以慢火燒之，及熱而後，乃用猪油揩抹勺底，將調勻之蛋，以一匙傾入，將鍋勺搖轉，卽成薄片，謂之蛋皮。趁蛋皮未凝時，置以肉餡，用箸將蛋之半邊揭起，與未揭之半邊相合，卽成餃形。如此輪流做完後，乃將蛋餃一一放入鍋中，加入高湯與洗淨之金針木耳，關蓋燃燒，數透之後，方得燴熟，乃盛碗而食，味甚淸美也。

〔附說〕　製蛋皮時，火力須慢，搖轉須靈敏，揭皮包餡時，尤宜迅速，若稍遲，則汁乾，包不得矣。其有將蛋餃不入高湯燒以淸湯後，取出照『燻蛋』法燻後而食，蘸以蔴油者，其味甚香美。

●醃蛋　醃蛋食味香美，極合衞生，且能久貯不壞。醃成之蛋，結果有油黃與黑黃兩種，不知者未得其所以然，茲先將該法聲明之。欲製油黃蛋者，祇須在醃蛋之時，加入燒酒若干於混合液內，或將蛋竪置罎中，則取食時，必爲油黃蛋。若欲製黑心者，則醃蛋時，將上次醃蛋脫落之灰，和入下次醃蛋之混合液內，則成黑心。若知此，則油黃與黑黃，當從心所欲也。茲述其製法如左：

〔料物置備〕　蛋　食鹽　黃酒　紅茶葉　稻草灰

〔應用器具〕　罎　油紙　布　繩

〔法　　則〕　取雞蛋或鴨蛋數十個，洗濯淸潔，一面將食鹽黃酒茶葉稻草灰混在一起，使成糊漿之濃汁，然後將蛋逐個入濃汁內，使徧體黏黑，乃一一移放罎內，待完後，以油紙與布攤住罎口，取繩緊縛之，待一月後，卽可取食。

〔附說〕　凡醃蛋，以在淸明前者爲佳。若在淸明後，每多空頭，若在望日或午刻醃者，則蛋黃居中，否則不正。在冬至後醃者，能久留至來歲夏間，否則易壞。此醃蛋之關於時令，吾人當注意及之。

●皮蛋　此以鴨蛋和食鹽灰鹼諸物醃成，其味辛辣，善助消化。茲述醃法如下：

〔料物置備〕　鴨蛋　濃茶葉　食鹽　石灰粉　炭灰　鹼　礱糠

〔應用器具〕　壜　油紙　白布　繩

〔法　則〕　將茶葉煎成濃汁，與炭灰石灰食鹽鹼四物攪拌一起，成爲泥塊，視蛋之數，分泥塊爲若干，一一揑作碗形，卽入鴨蛋其中而包之，然後滿黏礱糠，以免各蛋黏幷，取蛋做完之後，乃一一裝入壜內，如『醃蛋』法封固之，不再移動，候四旬以外，卽可供食。

〔附說〕　供食時，若見蛋心生硬，則取銀針穿成一孔，灌以燒酒一滴，卽變糖黃皮蛋。又有名曰松花皮蛋者，可用松枝柏枝竹葉梅花等燒灰，拌入泥塊內而醃之，俟切開供食時，則見花紋隱現其中。

〔附西訣〕　西人煮蛋之法，比吾國爲複雜，茲舉其普通者如下：（一）烚蛋：將蛋先入煖水中，使其殼熟，再入沸水，以保蛋殼破裂，復小心取出，放大沸之燒罐中，至水再沸起泡時，即移開，仍密蓋燉五分鐘，此謂之烚嫩蛋，見蛋白如牛奶者爲上，如欲煑硬蛋，即當燴二十五分鐘，其黃可乾而起粉，煑熟入冷水十五分鐘，輕碎其殼而揭之，使其面光滑，用快刀切之，其片乃光。（二）水汆蛋：此以慢火煑之，使蛋白亮澤如凍，法以鐵鍋中置製麥芬之圈數件，其中倒滿沸水，加鹽水，沸時將鍋移至爐旁，每圈入一蛋，至少須煑十分或十五分鐘，煑至半透明色。預備烘饅頭半寸之厚，切成圓圈，用熱水溼之，抹以白塔油，小心將鏟取蛋，每饅頭置一蛋，移去其圈，每黃中加少許胡椒，列入盆中，以蒝荽爲飾。（三）炒蛋：以匀輕打其蛋，攪匀四蛋，加牛奶二匙，鹽半茶匙，胡椒末少許，於潔淨煎鍋中入白塔油半匙，候滾入蛋，其中燒以慢火，時時調之，使凝結，而不堅硬，炒好之後，加入蒝荽一匙以佐味。（四）打蛋捲：以三蛋黃白分打，使鬆，蛋黃用鹽胡椒及牛奶一匙調味，再將蛋白加入，入白塔油半茶匙，置於煑鍋，使油烊開，不令鍋黃，倒入蛋汁，使之攤平，煑至下成鬆殼，入爐烘約三分鐘，使蛋熟透，勿硬，立即捲之，上於熱盆，配入各餡，再行捲之即得。（五）模成蛋：用每個相分之模子，抹白塔油，撒入碎蒝荽，然後將蛋汁傾入，上置鹽，將模子放於熱水，水淹其半，入爐慢烘八分至十分鐘，至蛋質可植立而不硬爲度，直倒入盆中，上席爲中膳合宜食品。

(辛)雜件

●炒腰花　腰爲腎之別稱，在動物身體之兩旁，爲五臟之一。猪腰能補腎氣，人食之頗有益。惟此物性帶寒，虛熱者可多食，虛寒者宜忌之，冬月尤不宜也。致於調製之法，入以各種副料，以嫩爲佳。茲述之如下：

〔料物置備〕　猪腰　猪肉　黃酒　醬油　雞汁　食鹽　大蒜　冬筍　眞粉　酸醋

〔應用器具〕　刀　鏟刀　碗

〔法　則〕　(一)先將腰子在清水內浸入一小時，剝去薄膜，用刀破開兩爿，仔細取出中間白色筋肉，乃將背面橫劃若干刀紋，再縱切爲薄片，取水入碗，復浸之，並揑淨腰中白汁與水，然後浸入黃酒內半小時取出，復以清水浸之，務使白汁浸洗乾淨，乃用溫水注入碗內，而置腰片於內見腰片淸白發大卽行瀝去温水待用。（二）取冬筍剝去筍殼先行煮熟，切出薄片，其量數約三分之一待用。（三）取猪肉肥者兩餘，切條入鍋，以急火燒之，熬肉成油，趁鍋極熱，卽將腰片倒入鍋中速以鏟刀亂炒亂篩，約十餘下，卽取雞汁醬油大蒜冬筍食鹽諸物，先後放入，見油汁發沸時，略和眞粉，好酸食者，且加酸醋，復用鏟刀攪之，俟諸品調和濃厚，卽行起鍋，盛於碗中。

〔附說〕炒腰火力須急，手續須快，方能嫩口；不然，則腰子發黑而縮小，強硬難下咽，其副料有用猪腦者，有用蝦仁者，或用韮菜香菇諸品者，則在人之所好也。其有將腰子用沸水泡熟後，如前『燻蛋法』而燻之者，味鮮嫩，且香美。

●炒猪肝　猪肝亦五臟之一，食之能補肝明目。製之者有切絲與切片，兩者俱以嫩口爲佳。其法如下：

〔料物置備〕猪肝　猪肉　雞汁　醬油　食鹽　黃酒　韮菜

〔應用器具〕刀　鏟刀　碗

〔法　則〕（一）取猪肝一件，切成寸餘條丁，乃以清水漂清血汁，然後再浸入黃酒內，約半小時取出，再以清水瀝之，待用。（二）將猪肉若干切絲放入鍋內，用急火燃燒，見肉絲熬油過半之後，卽將肝絲倒入，取鏟刀急炒之，見已脫生，卽將雞汁醬油食鹽一起放入，及發滾時，乃加以韮菜，再以鏟刀亂炒數下，調勻肝菜，卽可起鍋。

〔附說〕食時好蔴汕者，可於入韮菜時，少加蔴油。若無雞汁時，可以清水代之，然其味遜矣。

● 煑猪肚　肚卽胃之土稱，其味甜而性温，食之能補中益氣，健脾殺癆蟲。其食有清燒者，有加以各物者，最普通者爲塞糯米。茲述之如下：

〔料物置備〕猪肚　糯米　火腿　芡實　食鹽　醬油　葱屑

〔應用器具〕刀　石灰粉　鉢　線

〔法　則〕（一）取猪肚一個，縮撮翻轉，以清水洗之，復撒石灰粉於肚上，放石面用力磨擦，去其膩滑之汚汁，復用食鹽黃酒擦洗之，打滌清潔，待用。（二）取上白糯米，須先一日淘淨浸水，用時撈起後，瀝乾。火腿切成細粒，約半杯，芡實半兩，醬油兩餘，葱屑若干，一并放鉢內攪拌均勻，然後逐漸塞入肚內，不使過滿，乃用線紮緊肚口，卽行入鍋，注水關蓋燒之，至沸一次後，復放入食鹽與黃酒，仍關蓋，改慢火燒之，以爛熟爲度，起鍋時，以刀切成薄片，盛盆上席，其味香而甜。

〔附說〕　肚入鍋後，用手捺扁，注水不宜過多，適能浸滿全肚爲度。一透揭蓋時，須將肚反轉煑之，以免生熟不均之慮。其有實以雞蛋者，法以蛋破殼，逐個納入，並加醬油葱屑，紮口而煑，其味亦佳。又有將肚清燒，下以鹽酒，至熟撈出，切成大塊，照前燻肉法燻燒而食者，味甚清香。

●**煑猪肺**　肺亦五臟之一，食之有補肺治咳嗽之功。其味鮮甜膩潤，別具風味。其製法如左：

〔料物置備〕　肺　食鹽　黃酒　葱屑　薑片

〔應用器具〕　罐　鐵匙　刀

〔法　則〕　將肺一個，以清水洗滌三四次，務以極乾淨，卽行入罐，而懸喉管一部分於罐外，然後注水約滿，以急火燒之，至沸而後，改用慢火徐徐燃燒，卽見罐內與喉管在外之部，流出許多肺沫，乃將罐內者以鐵匙撇去，罐外者以布拭之，燒至湯清沫完之後，將懸罐外之喉端放入，同時加入食鹽薑片，仍行慢火燒之，約半小時後，加入黃酒，見肺已爛，乃起罐，切塊，轉盛大碗，撒以葱屑而食之。

〔附說〕本法爲編者特創而成，手續極爲簡單，而不失其鮮味。觀一般普通者，與此不同；其法以猪肺一個，懸掛鐵鈎，用水壺灌水於內，待滿。以手拍肺葉之兩面，使發胖，復換以水，再灌再拍，使成肥白爲度，復行剪塊漂洗，入鍋燒之。其或不用水者，則以口氣吹而大之，然後洗濯，再爲燃燒。須知肺被水灌，與口氣吹大者，其維經加長，燒之雖爛，而非常韌口，每難下咽，因失佳味。

●煮大小臟　臟卽腸之別稱，爲五臟之首。其味鮮肥，食之能潤腸，治虛渴，及大小腸風熱之病。最普通之燒法，卽以腸如燒肚法，洗淨之後，用清水入鍋燒之，至熟，切段，蘸醬油而食，味亦頗鮮。茲合大小腸成一而燒，其味更覺鮮膩，述之如左：

〔料物置備〕大小腸全副　食鹽　薑片　黃酒

〔應用器具〕刀　箸　石灰粉　鉢

〔法　則〕　先取大腸一根，入鉢，以箸套入腸口，逐漸反復洗滌。復取小腸如法洗之，及三四次後，乃合大小二腸，小心放石面上，撒以石灰粉，用力磨擦若干時，乃以清水洗之，更洗數次，見極清潔而止；洗淨後，以刀切成尺許之長者數段，大小如一，乃將小腸納入大腸中，然後入鍋，以清水燒之，一透而後，見兩腸併合，有如棍棒，即行取出，復以刀切成寸以內之腸條，以另鍋再行注水燃燒，同時加入食鹽薑片二物，及水沸後，約半點鐘，復倒入黃酒，乃闔蓋燜之，至熟為度，食時淋以蔴油，尤為香味也。

〔附說〕　腸亦有燻食者，其法在於煮熟時，不切寸段，起鍋後，瀝去汁湯，然後如燻肚法燻燒，即得。食時以刀斜面切之，以愈薄愈可口。

●香腸　香腸為猪小腸，塞以肉，風乾而成。市場均有出售，以廣東香腸為最著。其製法如下：

〔料物置備〕　猪腸　猪肉　花椒　蒜　葱　醬油　肉桂

〔應用器具〕　刀　碗　線　針

〔法　則〕　猪小腸一副，洗滌乾淨後，待用。將猪肉肥瘦二種，切為小方塊，一面將蒜切細葱切爲屑肉桂搗碎，一起和入肉內，而調以醬油，一同灌入猪腸內，至滿而止。兩端以線縛緊，中間復以線縛作頸形以分段落，使餡結實，惟在作縛時，須以針刺其一端，藉洩腸中空氣，卽成。乃懸掛通風及向陽處，所過十餘日，卽可蒸而食之。蒸時取香腸數段，以刀斜面切之，成爲橢圓形之薄片，平攤盆中，移於鍋架上，注水關蓋，煮之水開一透，卽可上席。

〔附說〕有所謂糯米香腸者，以糯米茴香醬油作餡，其製法與此同。惟糯米者，燒熟後再行如蒸肚法蒸之，蒸熟切片上席，不能久存也。

●燻腦　此以猪腦蒸熟後，再燻燒而成。其味香而肥，爲下酒過粥良品。茲述製法如下：

〔料物置備〕猪腦　葱薑　黃酒　醬油　茴香末　沙糖　醬油　蔴油

〔應用器具〕碗　柴心　燻架

〔法　則〕（一）猪腦數個，浸入清水碗中，以柴心徐徐捲去腦筋，要極乾淨，乃將腦另放他碗，加入葱屑黃酒醬油諸品，入鍋蒸之，以熟爲度。（二）取茴香末甘草末沙糖置鍋底內，上放燻架，將腦子塗以蔴油，而後小心移置架上，蓋上鍋蓋，乃取柴燒之，鍋熱糖熾，久乃枯焦，濃煙上騰，燻黃腦子，見全腦均黃而後，取出切塊，便可供食。

〔附說〕 腦蒸熟後，無須燻燒，亦可上席。其味卽淸而肥。若撒以胡椒，甚爲香味可口。

● 靑炖羊肚海帶 此品質味淸鮮，爲夏季應時妙饌。茲述調製法如下：

〔料物置備〕 羊肉 羊腸腎 胡椒 葱薑 海帶 食鹽 酸醋 黃酒

〔應用器具〕 碗 刀 鐵匙

〔法　則〕 將羊腸羊腎及羊肝諸物，洗滌乾淨，復以肥羊肉二斤，先後切出入鍋，以淸水燒之，燒至將熟時，乃和入切絲之海帶，以急火煑之，一透之後，加入葱薑食鹽黃酒諸品，再燒十餘分鐘，撒入胡椒，淋以酸醋，卽行起鍋盛碗，上席。其味之淸爽適口，最爲合時。

〔附說〕 此品入鹽宜淡，不宜鹹，喜醋者，可多用。

● 炒雞鴨雜 一名炒時件，卽以雞鴨之肝雜如腸肝肫諸物，雜炒而成。其味以鮮嫩爲佳。茲述如下：

〔料物置備〕 雞雜 鮮筍 猪油 食鹽 醬油 白糖 酸醋 葱枝

〔應用器具〕　刀　剪　鏟刀　碗

〔法　則〕（一）雞雜中之雞肝，須洗淨後切成一二分厚之片。若腸須用剪刀剪開，洗淨切成五六寸長之段。如肫卽先以刀刮去外面薄膜，而內之皮衣，皮衣外之膜名曰內金，外有腌臢之物，狀如土沙，須用刀剖開，將其中之腌臢挖去，扯去一層內金，再將皮衣輕輕削去，祇留肫肉，乃以刀斜切爲一分厚薄之片。鮮筍亦切片，一同待用。（二）將猪油入鍋，以急火燒之，極熱而後，乃取雞雜倒入，用鏟刀炒之，數下後，卽倒入筍片，復急急一同攪炒，再數下，乃將食鹽醬油白糖葱枝下入，再炒數下，沃入酸醋，卽可起鍋盛碗而食。

〔附說〕　肝肫等物，切片愈薄，則炒之愈嫩，肫尋常多不去衣，則嫩脆處爲粗硬處所掩，而切塊須三四分寬，復刲交叉斜紋，如加以血汁，則其先以開沃熟切爲長細之條，於下筍時加入。

〔附西訣〕　西人對於雜件名爲心類，其煮法有下列數種，（一）烘小牛心：其料物爲小牛心及鹽肉數片，食鹽胡椒末脂油及黃汁等。製法以心先洗數次，浸冷水中一時，濾乾，入以肉餡，以油紙或抹白塔油紙包而紥之，慢火鑪烘二點鐘，用汁淋透。上席半點鐘前，去紙，多撒麵粉，罐中之汁，可以爲黃汁原料，既熱，倒於盆旁，用煎鹽肉爲飾，共需二小時卽可。（二）燴腰：料物以牛腰一磅，水一配，特牛滴脂一兩，白塔油一兩，麵粉一兩半，小葱頭斬碎一枚，鹽及胡椒末若干。製法，以腰切成一寸四分一厚，去心，用滴油在燴罐熱之，用麵粉一匙，食鹽半茶匙，胡椒末一茶匙四分一調味。以腰片煎於調和料，入熱油煎黃，加煎葱頭，濾油，加將沸之料湯或水，加鹽胡椒末少許，密蓋慢熬一點鐘。將白塔油及麵粉搓成團，陸續入罐，再煑二十分鐘，煑至腰子全酥。將腰片排列熱盆，須整齊，將汁調味，濾而傾入。如用以爲中膳，可用搽爛洋薯爲邊，以腰片上席，另用熟蕃茄爲飾。如早餐，可變其花樣，加小捲鹽肉及水氽蛋，或加油煎饅頭，須浸過湯汁者，時需一點半鐘。（三）燒肚：水浸肚子數點鐘，洗刷乾淨，入鹽水熬三四點鐘，使如凍形，濾水候用。燒罐中入白塔油一匙，候熱，加麵粉一匙，煮數分鐘，勿令黃，慢加牛奶一杯，調滑，加鹽半茶匙，胡椒少許，葱頭汁半茶匙，攪勻之後，見肚熱，立卽上席。（四）猪肝鹹肉：將肝切成半寸厚，放入沸水中數分鐘，拭乾，撒過麵粉，胡椒末與鹽。以薄片鹹肉，放入煎鍋內，候約略煎脆時取出。肝入鍋內，煑至熟，惟勿令乾，將肝取出。加麵粉一匙於煎鍋之油，候煎黃，加水成濃汁，倒過肝上，以鹹肉四圍伴之，卽可上席。（五）烤肝：將肝切片，浸熱水中數分鐘，濾出其血，拭乾，以白塔油擦之，火烤五分至八分鐘，頻頻翻之，不應令乾，俟熱，塗以白塔油，立刻上席。

四　水族動物之餚饌

(甲)魚肉種種之食法

魚類屬脊椎動物，卵生或胎生，雌雄異體。全體可分爲三部。自其吻端至鰓孔曰頭部，自鰓孔至肛門曰軀幹，自肛門至尾鰭之基部曰尾部。其體常被鱗甲，最著名者爲鯉魚，鯽魚，鱸魚，鱖魚，鰩魚，鯊魚，青魚，白魚……屬無鱗者爲蝦，海參，鰩魚，辛魚，帶魚……之屬。

魚類常棲之水質，可大別爲淡水魚，鹹水魚，及半鹹水魚之類。淡水魚無河川湖沼之別，凡棲息於淡水者皆是也。鹹水魚種類甚繁，復可分爲近海魚，遠海魚，深海魚三種。半鹹水魚，不論河口港灣，其地勢之若何，凡棲息於水質常帶鹹味之海水中者，皆是。

魚類多含水分，故死後極易腐敗。凡魚死後之硬直，卽腐敗之前徵。其硬直之遲速，實準乎肉中水分之含有量，水分多者則硬直速，斯腐敗亦速；然其中之關係，不獨在水分之多少，且於魚之老幼雌雄，捕獲法及捕獲後之處理法，皆有關係。凡幼者雌者，或漁獲後處理疏暴者，死後一二小時卽硬直；否則經二十小時至三十小時後始硬直。其肉本酸性，因硬直解舒而變爲鹹性，其後有腐敗菌繁殖，乃起分解作用，且在活潑游泳之種類，更生一種物質，欲預防此腐敗，宜於漁獲之後，卽剖去其內臟，除淨其血液，倒懸於空氣流通之處，使之乾燥，或冷之亦佳。

魚肉之滋養比獸類略遜。惟蛋白脂肪之量多，而易消化。其肉之善惡，視肉內所含「越幾斯」分量之多寡而判別。復因其雌雄年齡時期棲處及食餌之不同，亦有以分之。大概雌優於雄，少壯者尤著，一年之內，要以肥滿期爲最佳。就棲處而言，概關於浮游生物之分量。約言之，卽雌魚之棲於溫暖海水，而多港灣之海邊，且爲適當運動之少壯者，其肉味爲最美。凡魚之投地不汚塵土者，狗不食烏不啄者，頭中無腦者，頭似有角者，頭正白如聯珠至脊上者，目合者，均不可食。食之殺人。肉臭者食之傷人。又魚不可合雞肉及鸕鷀肉食，此皆宜切戒者也。茲將各種魚類之普通者，舉其煮法如次。

●紅燒鯽魚　鯽魚產於淡水中，形似鯉，無觸鬚，鱗圓滑，頭與口皆小，脊隆起而狹，背青褐色，腹白。其肉能調胃實腸，爲補益之良品，非惟食味鮮美已也。其製法如下：

〔料物置備〕　鯽魚　油　醬油　食鹽　黃酒　糖　葱　薑

〔應用器具〕　剪刀　鏟刀　大盆

〔法　則〕　（一）取鯽魚重約半斤者一尾或二尾，用剪刀（或菜刀）拍股，從魚尾逆上刮去兩面之鱗，用淸水洗淨，然後以剪尖戳肛門而入，剪破其腹上及頭部，至魚口下頦而止。先察膽之所在，以手指小心抉出肚腸五臟，而防其膽之觸破，乃入水洗去淤血，洗畢瀝乾，放砧板上，用刀横刲魚身兩面成網紋。（二）將油倒鍋中，以急火燒沸，取魚横平放入，待一面灼黃透之後，以鏟刀翻轉，再灼一面，兩面之黃相等，後以鏟刀翻之，即將油鹽和酒並寸長之葱枝與切片之薑，一起倒入，再燒數分鐘，或加入糖料，即可起鍋，盛盆而食。

〔附說〕 本法爲燒酥之魚，如欲燒成爛魚者，卽於葱薑加入之後，下水半小碗，關蓋燒之，約十數分鐘起鍋，如喜酸者，或加醋少許，以引清味。如喜膩者，可和眞粉以佐之。又魚類之骨甚硬，當煮食時，加入山查二三粒，骨卽柔輭，且解毒。

●蒸鯽魚 此爲殺死之魚，鍋內隔水蒸之者，其味最鮮，而汁清甜。茲述製法如下：

〔料物置備〕 活鯽魚 香菇 食鹽 黃酒 醬油 葱 薑

〔應用器具〕 刀 剪刀 鏟刀 碗

〔法 則〕 （一）取活鯽魚四五兩重者二尾，以刀刮去魚鱗，復以剪剪開魚肚，挖去腸鰾諸物，以清水洗去血汚待用。（二）將魚放在碗中，取黃酒醬油先後倒入，適能浸滿魚脊爲度，然後將香菇去腳，洗淨後，加入，將食鹽擦透魚肉，又將生薑切片，平放魚上；復將生葱切段，放在魚之兩旁，然後將碗移鍋內，注水隔碗，合蓋燒之，約開三透，卽熟。

〔附說〕 此法若候燒飯時蒸之，尤爲方便；蓋飯熟，則魚亦熟也。本製品非但鯽魚可蒸，卽如鱖魚、鯿魚、鯶魚均可。如法泡製，惟鯉魚小者，其肉太嫩，不好食之，而大者又不便蒸燒，故照此者甚少。

●肉餡鯽魚　此以肉腐塞入魚腹，蒸燒而成。其味濃膩肥美，爲燒魚簡便中之上乘。其法如下：

〔料物置備〕　鯽魚　猪肉　食鹽　醬油　陳酒　葱　薑　蒜

〔應用器具〕　刀　剪刀　大碗

〔法　則〕　（一）取活鯽魚半斤重者一尾，用刀刮鱗破肚，挖去腸腑夾鰓，洗淨瀝乾待用。（二）將猪肉精和肥者四兩，用刀切成細塊，同時和以醬油薑末葱屑，斬之使爛如腐。卽塞入魚腹內，然後置於大碗中，注入開水使滿，移置鍋內飯架上，傾水，以急火關蓋燒之，三透之後，卽可滅火，透燜片時，再行揭蓋上席。其味鮮嫩，甚爲可口。

〔附說〕　此法食鹽須多加入，不使太淡。肉餡魚不僅鯽魚可用，如鯉魚之類，都可。但其鮮味，終不若鯽魚之佳，故不論蒸燉塞餡諸法，均以鯽魚代表之。

●燒鯉魚　鯉魚產於淡水，大者長三四尺，體扁而肥。鱗有黑點，其脊鱗一道，從頭至尾，爲數三十六，口之前端有觸鬚二對，背色蒼黑，腹淡黃。此物味甘性平，作鱠則性溫，炙時不可令煙入目，最損目光，其脊上有二筋及血，現黑色，目睫能動者，均有毒生溪澗中者，其毒在腦，俱不可食。鯉之蒸法，有清燒雜燒兩種。不雜他物者，爲之清燒，和以火腿或干貝或猪油或榨菜者，爲之雜燒。其味各有不同，然其鮮甜而美，則爲鯉之天眞。茲舉製法如下：

〔料物置備〕 鯉魚 猪肉 火腿 醬油 食鹽 陳酒 葱 薑

〔應用器具〕 刀 鏟刀 大盆

〔法　則〕 （一）取鯉魚約斤重者一尾，以刀刮去魚鱗，然後破開其肚，取出內臟諸雜，以清水洗滌乾淨待用。（二）取猪肉之肥者數兩，切塊之後，卽行入鍋，以急火燒之，使肉熬出爲油。以鯉魚小心放入，烤煎使黃，以鏟刀上下反轉。（三）將火腿切片，葱枝切段，生薑切片，見魚二面均熬黃後，先撒入食鹽，後攤入火腿，再和以葱薑，復將醬油陳酒一起倒入，仍以急火燒之，約三透後，卽可起鍋，盛於大盆上席。

〔附說〕 凡燒魚時，不可關合鍋蓋，因關蓋之後，卽蒸氣上騰，凝結下滴，魚肉發腥，此爲避免腥氣之要訣。

●煎燉魚　此不論鯽魚鯉魚，以及其他種類，均可。法以先在鍋內熬後，再隔水蒸燉而成。其味鮮美，湯清而甘，製法如下：

〔料物置備〕鮮魚　油　扁尖　香菇　醬油　黃酒　葱　薑　大蒜

〔應用器具〕刀　鏟刀　鍋架　大碗　大盆

〔法　則〕（一）鮮魚一尾或二尾，以刀刮去其鱗，破開魚肚，挖出腸臟，洗淨之後，乃傾入先燒熱之油鍋中，並至魚肉兩面發黃，乃連魚與油以鏟刀起出，盛入大碗之內。（二）扁尖先以熱水泡漲，撕出成絲，再行切斷。香菇亦以熱水泡過，去脚洗淨，同扁尖一起和入魚肉，然後加以醬油黃酒，復加食鹽葱段薑片大蒜，彼此入鍋，然後移置鍋架上，碗上先蓋大盆，後關鍋蓋，即行以急火燒蒸，二透即得。

〔附說〕此法先蓋大盆者，以防蒸氣下滴而入碗也。

●熘黃魚　黃魚一名石首魚，又名黃花魚，又名黃瓜魚。黃魚爲省稱，八月出者稱桂花魚，臘月出者稱雪亮，初春出者曰報春，其體側扁，爲紡經狀，背面灰色，微帶青，腹部淡白，帶金光；頭部亦有金光，頭蓋骨內有瑩潔如玉之骨二枚，堅如石，大如豆，故名石首；或謂此石爲感受聲浪起振動，以代聽覺之用。體長約六七寸至二尺，棲於近海。產卵在春夏。肉厚少骨，食之開胃補中益氣，其魫可治腦漏，其鰾可治破傷風痘及痔疾等病。產地以寧波者爲佳。以四月小滿爲頭水。五月端午爲二水，六月初爲三水，醃之可製鯗，以頭水爲最佳，二水次之，三水爲下也。茲述鮮黃魚之熘法如下：

〔料物置備〕 黃魚 油 醬油 黃酒 醋 葱 薑

〔應用器具〕 刀 砧板 鏟刀 大盆

〔法　則〕 （一）黃魚尺長者一尾，用刀刮去兩面之鱗，用清水洗淨，然後剖開魚腹，直至下頦而止。將肚腸一切取出，遺棄不用。復將兩鰓內之鰓亦抉出不用，以清水洗其腹中鰓中之血約二次以上，洗淨瀝乾，置砧板上，用刀將背部肉厚處，劃爲斜紋之小方塊。（二）將葱切爲寸段，薑切薄片，待用。（三）將油（猪油或素油）倒鍋中，燒沸，取魚放入⿰火丸之，燒以較急之火候，魚皮⿰火丸成黃褐色，乃以鏟刀轉其另面，復⿰火丸之，及兩面均黃，乃揭鍋舀去餘油，先加以醬油，次入葱薑，又次下酒，再次入水半小碗，煮之，俟其沸時，再加酸醋，乃以鏟刀將魚兩面翻轉溜之，約三分鐘後，即可起鍋，盛盆，趁鮮而食，其味甜而嫩，極易下口。

〔附說〕黃魚上市，販者甚多，而每有腐敗者，吾人欲別其腐敗與否，可將頭部之鰓骨掀開，視其內之鰓似鋸齒者，血色鮮明，又兩眼珠透亮不陷入者，即爲鮮黃魚，否則腐敗，不可食。

●炒黃魚片

此爲去其頭尾與骨，切塊灮炒而成。其味鮮脆，最爲爽口。製法如下：

〔料物置備〕黃魚　眞粉　油　醬油　黃酒　白糖　葱　木耳　筍片

〔應用器具〕刀　鏟刀　鐵絲瓢　大盆

〔法　則〕（一）黃魚一尾，約斤重，照上法去鱗挖肚後，復刮去其皮，剔出魚骨，斷去頭尾，即將魚肉橫切爲塊片，約手指之大小，略和眞粉，盛碗待用。（二）取油約半斤，倒鍋中，以急火燒沸，將魚片放入灮透，用鐵瓢撈出瀝乾，將鍋內之油倒去，復將魚片倒入，即取醬油調糖和之，用鏟刀輕輕攪炒，勿使魚肉破碎，再加葱木耳筍片，略淋黃酒，片時之後，即可盛碗。

〔附說〕不論何種魚肉，如以炒食者，均可照此手續行之。又或用較少之油，倒鍋燒熱，即將魚片葱薑木耳筍片一起倒下，用鏟刀反覆炒之，見魚肉與諸和物調濟之後，再加入醬油白糖黃酒再行輕輕炒之，熟後盛碗者，其味較爲遜色，而手續與經濟，則較爲減省。

●黃魚棗 此以黃魚切塊，入鍋炸發如棗形，其味鮮脆，爲下酒良品。玆述製法如下：

〔料物置備〕 黃魚 麵粉 酵母 油 椒鹽 酸醋 醬油

〔應用器具〕 刀 碗 箸 鐵絲瓢

〔法　則〕 （一）將黃魚如上法劃剖之後，剔去魚骨與皮，斷去其頭與尾，專取其背部之厚肉，切成較長之小方塊，約半寸大小。（二）先將麵粉與酵母，共盛一碗，以暖水攪和，放在溫暖地方，如竈旁或鍋孔內，約數小時後，即起麵粉發酵，乃行取出，將魚肉放入，以箸攪拌之，使厚黏麵粉。（三）素油或葷油半斤，倒入鍋內，以急火燒滾，然後將魚肉一一放入，逐漸炸之，見有已炸透黃者，即以箸鉗出，放於鐵絲瓢中，濾燥其油，即得。其狀與棗極似，上席時，略撒椒鹽，及酸醋或醬蔴油諸品，色味甚佳。

〔附說〕 魚肉入鍋時，不可一起倒入，須一一放入分開，以免黏幷。所炸之油，如有葷油者，當用葷油。

●煮鯿魚　鯿魚亦產於淡水中，體廣而扁，頭尾尖小，縮項細鱗，色青白，腹中脂頗腴美。此物性不喜動，嚴冬常息於土中，故食之能調胃利腸，消化五穀，其功效與鯽魚同。茲述其製法如下：

〔料物置備〕　鯿魚　猪網油　猪油　黃酒　醬油　生薑　白糖

〔應用器具〕　刀　鏟刀　碗

〔法　則〕　（一）鯿魚一尾，以刀刮去細鱗，破開肚腹，取出腸臟一切。然後洗滌乾淨，以猪網油一張，包圍魚體，放入碗內，待用。（二）猪油入鍋，以急火燒之，鍋熱油融之後，即將鯿魚，連猪網油入鍋煎爆，見下面爆透，其色發黃，乃以鏟刀翻轉，爆其上面，待亦發黃之後，即以黃酒傾入，急即關住鍋蓋，略待片時後，將食鹽醬油生薑放入，稍淋清水，揭蓋燒之。二透之後，更入白糖，復行關蓋，再燜數分鐘，即可起鍋。

〔附說〕　鯿魚尋常烹法，味不甚佳。本法以猪網油包裹後煮燒，則鯿肉原味，不致外散，所以優美異常。又若在爆煎之後，即行起鍋，盛入碗內，用淸醬油湯蒸食，亦甚鮮味。

●白燉鯿魚　鯿魚炆者取其香脆，燉者取其清口。玆述其法如下：

〔料物置備〕鯿魚　猪肉　食鹽　醬油　蝦米　冬菰　白糖　葱屑　薑片

〔應用器具〕刀　大海碗　鍋架　大冰盆

〔法　　則〕（一）取約斤重之鯿魚一尾，照上法刮去鱗肚，洗淨之後，將魚整個放入大海碗內，注入清水，以浸及魚身爲度，然後將白糖調和醬油加入水中；猪肉肥者，切作極薄之片，貼放魚上，撒以食鹽，排湊冬菰薑片，分撒蝦米及葱屑。（二）放水大半碗，將鍋架安上，乃移魚碗，小心放置鍋架當中，取大冰盆蓋在碗上，而關以鍋蓋。鍋下以急火燒之，約半小時卽熟。熟時，加以少許之酒再燜片刻，卽可上席；其味淸甜，湯亦甚美。

〔附說〕　此品如加雞蛋白墊底，和蒸，名爲芙蓉鯿，其味更覺淸香。

●炆鱖魚　鱖魚一名罽魚，扁形，潤腹巨口細鱗，似鮋亦似鱸，脊鰭有十二，棘甚硬，體淡黃兼褐，有黑斑，腹淡白。斑紋明顯者爲雄，稍晦者爲雌。棲於江湖，捕小魚而食。其肉味甚美，而無小形之歧骨，食之有補勞殺蟲健力肥人益胃去淤血惡血之功。冬日好潛伏於岸穴中，此時漁人以竹筒洗於水，迨鱖入筒而捕獲之。其製法如下：

〔料物置備〕 鱖魚　油　鹽　花椒

〔應用器具〕 刀　鏟刀　砧板　鐵絲瓢　大盆

〔法　則〕 （一）鱖魚約斤重者一尾，以刀將兩面魚鱗刮盡，用清水洗淨，再將魚肚破開，凡腸肚一切挖去，又以清水洗之，乾淨之後，乃放上砧板，用刀割開背部之厚肉，剖作斜横之小方塊，約五六分爲度。（二）將油一斤，倒入鍋中燒滾，取魚放鐵絲瓢上，下鍋灼之，見魚肉灼至透黃之色，乃將鐵絲瓢提出，翻轉魚肉，再灼一面，如兩面均已同一透黃，其肉亦必灼熟，即可起置大盆中而上席。食時，取椒鹽末撒於魚上，方可入口，覺其味香脆無比。

〔附說〕 如鱖魚之膽，冬日懸於簷下陰乾，用皁子大研末，溫酒服之，能治竹木骨等刺哽喉。魚生熟難決時，可以小籤刺肉，一刺便入，則爲熟之徵；若刺而不入，則生韌所致，仍須再灼之。

●炒青魚　青魚即鯖魚，體狹長而渾，有如圓筒，鱗大生紋輪，脊鰭等有棘及刺，皆連川膜尾，略分叉，背部青黑，腹部淡色帶微黃，鰭梗青黑，喉部有齒善嚼，體長一二尺至六七尺，棲於江湖，食螺蛤水藻等物。體強壯，其肉味美，有補肝逐水益氣力治溼痹煩悶腳弱之功。有稱爲烏鰡者黑色食螺，有黃鰡者卽其近似之種。青魚之煮法，與鯽魚黃魚鯿魚等略同。茲以炒法製之如下：

〔料物置備〕 青魚 葷油 醬油 食鹽 黃酒 豆粉 大蒜 生薑 白糖 酸醋

〔應用器具〕 刀 鏟刀 盆

〔法 則〕 （一）買青魚約尺以外之長者一尾，以刀刮去魚鱗，剖開魚肚，挖出臟腸，洗淨之後，斬去頭尾，專用肚襠，切成小塊，以少許豆粉攪拌之。（二）將葷油入鍋，用急火燒之極熱，乃將魚肉傾入鍋中，引鏟亂炒，見近脫生時，加入食鹽一撮，再取黃酒向鍋邊四圍淋入，卽急以鍋蓋緊閉，不使出氣，霎時後，復將醬油和清水一碗同時加入，大蒜生薑亦以此時和之，再燒使透，及見汁料濃厚，復少加白糖，如好酸者，並可加醋少許，再煮片刻，卽可起鍋，盛大盆中，食之味絕鮮肥。

〔附說〕 炒青魚之味，以嫩爲佳。故手續須快，火力須急，其炒法名目如本法者，爲炒肚襠。得其肥潤之妙。若用嘴鋒眼肉及尾鰭而炒者，爲炒頭尾。單用尾鰭而炒者，爲炒豁水。二者之味，得其滋膏。若用背肉切尾，和酸醋炒者，爲炒醋魚。其味鮮美。而青魚之肉，以尾段爲最好，故以炒豁水爲最貴。

●炒鰻段　鰻魚卽鰻鱺，自成一科。體圓長，其長爲體高之三十倍，頭長爲吻長之四倍，皮膚頗厚，富有黏液，鱗柔軟，隱於皮下，頭小口闊，口裂深達眼下，齒小如鐮刀狀，有胸鰭，無腹鰭，脊臀兩鰭，皆連於尾，背面褐暗，體旁較淡，腹面白帶淡金色，體色多隨棲處而略有變化，如暗綠茶褐蒼黑等。雌體與雄體稍異，雌者體長大，色淡，吻闊扁而尖，眼鰭闊而高，晝潛於石岸，或土穴中，至夜則游行活潑，捕食小動物。雄者多海棲。雌者多生活於河湖之淡水中。每年十月至一月，下河向海，入深海而產卵，稚鰻在二月至九月爲最多，成羣上溯於河流，由是乃知鰻之幼稚者，必由鹹水而入淡水，然池沼與河海全然隔絕，何自而來乎？蓋鰻之鰓，善貯水，卽遇地下含水之細流，及濕地，亦能轉徙，偶得際遇，亦能達於池沼之內。惟於淡水者，終生未能產卵而繁殖耳。其肉補虛殺蟲，去風，和五味而食，甚能益人。玆述炸法如下：

〔料物置備〕　鰻魚　葷油　醬油　扁尖　黃酒　薑

〔應用器具〕　刀　鉢　漏勺　大碗

〔法　則〕（一）取鰻魚一尾或數尾，用力向地下擲，數擲之後，鰻死而體漸漲，吾鄉謂之『擲鰻壯』。鰻死之後，乃以刀割開其喉，以刀柄揞住，隨手抽出腸肚，再行斬去頭尾，乃切成寸長之鰻段若干，先用熱水泡洗乾淨，復以冷水瀲淸待用。（二）取葷油入鍋，急火燒沸，即將鰻段一一投入，翻覆爆炸，見其四面透黃，即可起鍋，盛大碗中，和以醬油黃酒，乃撕細切段之扁尖與切片之生薑，然後注滿開水，移置飯鍋內（或另用鍋架蒸之），蒸透供食，味甚鮮美。

〔附說〕　鰻魚殺後，不可以冷水洗之，因其細骨遇冷水即發硬。

●烘鰻魚　此以鐵叉盃烘而成，其味香而脆，爲下酒妙饌。茲述製法如下：

〔料物置備〕　鰻魚　黃酒　醬油　蔴油　薑汁　葱屑　白糖

〔應用器具〕　刀　鐵叉　大冰盃

〔法　則〕　先將黃酒醬油蔴油薑汁葱屑相和，入鍋燒成濃汁待用。乃取肥大之鰻魚一尾，如上法擲殺，剖肚斬去首尾後，乃將鰻魚置在鐵叉上，向炭火中徐徐烘之，隨烘隨轉，不使稍停。一面並以醬和之汁，隨時塗抹其上，見其四面枯黃後，即行取下，置大冰盆中，即可供食。食時以人數之多少置油碟若干，中放酸醋薑末或辣醬諸物，人各一碟，以便蘸食。

〔附說〕　烘時，於炭火中加以茴香或茶葉燒之，味益香美；而塗抹油汁，須使普徧均勻，不可焦急。

●煮鰱魚頭　鰱魚一名白鰱，又名鱮魚，體側扁呈紡錘形，鱗細，口小，無齒，有舌，脊臀兩鰭，皆不甚大，尾鰭略呈叉狀，背部青黑，腹部白，體長者三四尺，棲於江湖。此物體弱，失水易死。此魚之飼養於仲春，取魚苗蓄於小池，飼以水草，稍長可尺許者，移於廣池，九月間，即可捕食。魚苗之產地，以湖州爲最多，其肉恆作饌食，有益氣補中之功，而其味之最佳者爲頭，俗謂青魚尾鰱魚頭，即此。茲述其製法如左：

〔料物置備〕　鰱魚頭　素油　食鹽　醬油　黃酒　胡椒末　薑片

〔應用器具〕　刀　鏟刀　盆

〔法　則〕　專取鰱魚頭一個，將兩鰓骨掀開，挖去紅色如鋸齒之夾鰓，洗滌清潔；然後堅置沸油之鍋中，急火煎爆，一面爆黃，再爆一面，待四面黃透後，乃取黃酒傾入魚中，卽行關蓋，片時之後，掀蓋，復和醬油食鹽薑片淸水等物，再關蓋燒之，改用文火，約待魚頭和解爛熟時，卽可起鍋，盛盆，撒入椒末，然後供食。

〔附說〕此品有將魚頭洗淨後，用刀劈開，帶腦連骨切爲小塊而煮者。燒時和入筍片，其味益佳。若好酸者，可沃入少許之醋，卽更淸美。至於其他之肉，可同上列各法燒之。

●燒鱸魚　此魚產於淡水鹹水之間，春末溯河流而上，至冬則入海；捕獲時，多在夏秋之交。色白而有黑點，巨口細鱗，頭甚大，鰭棘堅硬，體長者約二尺；肉味甚美，有黃鱸曠鱸星鮎三種。又有一種四鰓者，爲松江特產，其味尤佳。食之能補中利水，强筋骨，和腸胃，益五臟，婦人能安胎。茲述其製法如次：

〔料物置備〕鱸魚　冬筍片（或春筍片）　肉汁湯　葷油　黃酒　薑片　食鹽

〔應用器具〕刀　箸　碗

〔法　則〕（一）購松江鮮活鱸魚數尾，以刀刮去鱗片，洗淨後，以箸從鰓孔插入腹中，捲出五臟，復洗乾淨安放瓷碗中。（二）取肉汁湯（雞汁湯更佳，）先行入鍋，急火燒滾，即將鱸魚筍片葷油先後加入，關蓋燒之。二透之後，淋以黃酒，又加薑片，再煮片時，即可盛碗進食，

〔附說〕　鱸魚失水即死，欲得其鮮者，內地頗不易取，如轉運時，能以冰藏之，即可不壞。如無冰時，可以醃糠藏之，即可保存一週之時日。鱸魚之肺，味甚鮮嫩，可於洗淨後，仍入肚中燒食；其肝能剝損皮膚，萬不可食。

●燒鱓魚　鱓魚土名草魚，形長身圓，頗似青魚，脊鰭上分三基，前基中基各有十一刺，後基有九刺，背面青黑，腹面淡青，尾為扇狀，體長約一尺，棲於近海之處。其肉味美，有補胃暖中之功；其膽能療喉中骨硬及竹木刺。臘月收取陰乾後，注酒化呷吞服，閩人以此肉製成蝴蝶式，雜物燒煮，名蝴蝶魚，其味鮮美，為閩中特別之菜。茲述烹法如下：

〔料物置備〕　鱓魚　豆粉　香菇　肉汁　食鹽　醬油　黃酒　薑片　葱末

〔應用器具〕　刀　小木槌　碗

〔法　則〕　（一）取鱓魚一尾，以刀刮去魚鱗，破肚取臟，洗淨之後，將皮骨揭剝甚淨，

然後剖作兩爿，切成魚片，再行批開，而聯其一端不切；乃將魚片張開，舖入層厚之豆粉，用小木槌槌打使薄，即成蝴蝶之狀。（二）取香菇泡湯，去腳，切成條絲，放入鍋中，同時加入雞或豬肉之湯汁，即以急火燒之。待湯沸滾，然後放入魚肉，關蓋再燒，二透之後，撒入食鹽，略傾醬油與黃酒，又加入薑片，復燒片時，即可起鍋陳碗。加葱末以引香味而食之。

〔附說〕 本品若加入火腿片與筍片，尤爲鮮美。

●燒鱔魚　鱔魚多產於河湖各岸泥窟中，形似鰻魚，而細長無鱗，體赤褐色，多涎沫。頭部下有二鰓孔，腹中有肺，或謂之氣囊。肉味鮮膩，有補中益氣，利五臟，增氣力，壯陽道之功。其一種黑色者有毒，不可食。又有別種曰血鱔，爲浙省慈谿縣白龍潭之特產，周身紅赤如血，每年所產甚稀，他產者即尾尖尚黑。血鱔有益血塡髓，增氣力，壯筋骨之效，故昔之習武藝者，多取服之。普通之鱔魚，產於田地間者，其色黃而淡，產於河岸者其色黃而帶紅，味以產於田者佳。茲述燒法，有左列數項：

（一）鱔段之燒法：

〔料物置備〕　鱔魚　豬肉　火腿　食鹽　醬油　黃酒　大蒜　薑片

〔應用器具〕　刀　剪刀　鐵錐　鉢二口　砧板　鏟刀　碗

〔法　則〕　（一）取肥而大約重二兩以上之活鱔魚數條，放清水鉢內，先以左手捕拿一條，以手指掐緊頸部：以右手二指捋去涎沫，放砧板上，卽以刀斬殺其喉頸之半（過脊骨），而不使斷，復以刀輕輕斬其尾巴，乃將鱔魚提起，勒血於另一鉢中，後復取鐵錐錐魚尾於砧板上，左手拿頭，拉直魚身，右手執剪，搶開魚腹，至尿孔爲度，挖淨腸肚一切，然後拔去鐵錐，以刀斬成寸長聯絡之段，放在有血之鉢中，如此一一殺就，待用。（二）將豬肉切片放入鍋內，以急火熬之，見熬出油水不少時，而鍋極熱之際，卽將鱔段倒入，急用鏟刀炒之，數下以後，注入清水，並切塊之火腿；以急火關蓋燒之，至水開滾，乃改用慢火燃燒。及見鱔段分斷時，加入食鹽醬油薑片大蒜諸品，再行燒燜，候肉汁統統糜爛，淋入黃酒二圈，再燒一透，卽可盛碗而食。

〔附說〕　鱔魚爲夏季時之餚饌，俗謂『小暑裏黃鱔勝人參。』除本法燒煮外，有和以下貝者，或入以粉條者，其味均佳。然對於鮮肉與火腿，則均須和入，不然則大乏味。

（二）鱔段之清燒法：

〔料物置備〕鱔魚　干貝　食鹽　黃酒　葱頭

〔應用器具〕刀　剪刀　鐵錐　鉢　砧板　鐵勺　碗

〔法　則〕將肥大之鱔魚，如上法殺死，切段後，卽和清水葱頭入鍋，先燒一透以後，用鐵勺撈去浮膜，見湯淋清後，乃以黃酒傾入再燒一透，然後將食鹽干貝同時加入，改用慢火，關蓋再燒，以爛爲度。

（三）鱔糊之炒法：

〔料物置備〕鱔魚　葷油　醬油　黃酒　食鹽　葱薑　白糖　雞汁

〔應用器具〕小蚌殼　菜刀　鏇刀　碗

〔法　則〕（一）取不甚大之鱔魚斤餘，浸洗乾淨後，倒入沸水鍋內，急卽關蓋燒死之，約二透之後取出，以小蚌殼從頸部剗入，沿背脊劃至尾端，刮去脊骨，每鱔剗爲三條，復以刀切出長寸許之絲，待用。（二）以葷油入鍋，用急火燒之極熱，卽以葱薑鱔絲一起傾入，用鏇刀迅速炒攪約四五分鐘後，復取黃酒從鍋內四邊淋之，急速關住鍋蓋，稍待片時，復將雞汁醬油同時放下，關蓋改慢火再燒，見爛爲止。將起鍋時，先行加入白糖少許，以鏟刀徐徐拌之，見汁料濃和，卽盛陳碗中以備上席。

〔附說〕凡名鱔段，卽須取鱔魚之大者。鱔糊則可用細小之鱔魚。

●燻魚　此以各種鮮魚，先用醬油黃酒淆浸，經油鍋炸爆後，再上燻架烘燒而成，味甚香美。茲以青魚爲例，述燻法如左：

〔料物置備〕青魚　食鹽　黃酒　葱　薑　蔴油　紅糖　甘草末　茴香末

〔應用器具〕刀　鉢　燻架

〔法　則〕（一）約斤重者青魚一尾，以刀刮去魚鱗，破開魚肚，取出肚臟，放清水內洗滌清潔後，用刀剖分兩爿，更以刀面拍打薄片，放於鉢內，擦徧食時而倒入黃酒醬油葱薑等物，浸之至翌日撈出，攤開吹乾，然後乃以油入鍋燒熱，將魚輕輕放之，見炸爆透黃，卽可起鍋。（二）取紅糖甘草末茴香末，先後攤於乾淨之鍋內，再將鐵絲燻架架於鍋上，上置魚爿（或魚塊與魚片）鋪以蔴油，使徧，乃以鍋蓋關住。（三）取火在鍋底燃燒，火力須大，使鍋易於燒熱，糖末遠於灼焦，則煙氣上騰，滿罩鍋內，徧燻魚肉，約半小時之久，當可出鍋，盛於盆中，待時而食，味甚美也。

〔附說〕燻魚切忌用茶葉，以免肉味被茶氣所奪也。凡燻烘之魚，須取肉體厚者為佳。

●燒魚翅　魚翅即鯊魚之鰭，以產吾國之廣東者為最佳。稱酒食中之上品。茲述燒法如下：

〔料物置備〕魚翅　猪肉　黃酒　火腿　冬筍　汁湯　食鹽　醬油　白糖　眞粉

〔應用器具〕刀　鉢　鏟刀

〔法　則〕（一）買魚翅若干，攜歸後，用清水一鍋，以急火燒滾之，約三四透之後，取出，即以刀刮去兩面砂皮，與脚跟上之筋，以潔淨為度。（二）取鉢一個，內貯清水，將魚翅浸入，過夜之後，即見漸漸漲大，裂綻而出。第二日復入熱水之鍋燒之，以便去其骨管，骨管去淨之後，再用清水漂浸，見翅肉分條明潤，即可待用。（三）取精猪肉若干，以刀切成極細之絲。（四）取汁湯（以雞汁為佳）入鍋燒之，至沸後，將肉絲放入，一透之後，淋入黃酒，加以醬油少許，又放入魚翅，見料物俱已和合，又下眞粉以調之，用鏟刀攪拌均勻，液汁濃膩，即可起鍋，陳盛大碗中，而加以燒熟之火腿片與冬筍片鋪面，或再加蔴油，以導香味。

〔附說〕本法燒時，加以醬油，爲紅燒魚翅，其味鮮而濃厚。又有所謂淸燒者，則燒時不用醬油，而用食鹽，並不用眞粉，其味鮮而淸口。其有和以蝦仁者，及和蟹粉者，種類甚多，而最普通者爲肉絲，故本法則以此列入。魚翅漂浸後，已變成極軟脆之體，易於融化，不能受長遠與過急之火功，故入鍋時，須待和物燒熟後。

●五香魚　此以各種鮮魚，先塗五色香味，再行入鍋煮成，其味最好者，爲鱖魚。茲述其法如下：

〔料物置備〕鱖魚　葷油　食鹽　醬油　胡椒末　茴香末　醬油　黃酒

〔應用器具〕刀　鉢　鏟刀

〔法　則〕（一）鱖魚一尾，以刀去鱗破肚，洗滌潔淨，用食鹽徧擦魚體及肚裏，數小時後，更用甜醬川椒茴香等，敷塗魚體，彼此均勻，乃置鉢中，陳放三四日。（二）葷油入鍋，燒之極熱，使油熬透，一面取鱖魚刮去醬汁，再行投放油鍋中爆之，及見下面已黃，乃以鏟刀翻轉，爆其上面及兩面均黃透後，取黃酒四圈淋之，急行關蓋，燜燒霎時，復揭開下入醬油清水，又關蓋燃燒，二透之後，即可起鍋。

〔附說〕本製品如放鹽過鹹時，可略放白糖以解之，如已適味，白糖可省。盛碗之後，好香味者，可少灑蔴油。

㊂白湯魚　此以不用炒法而和清水食鹽一起入鍋燒煮者，其味清口鮮甜，而手續又簡。茲述之於下：

〔料物置備〕鯽魚　猪油　食鹽　黃酒　葱屑　薑片

〔應用器具〕刀　碗

〔法　則〕鯽魚一尾或二尾，如前法去鱗破肚，殺死之，入清水中洗淨後，即放入大碗內，和以黃酒之後，復倒滿清水，然後轉倒鍋中，加以猪油食鹽葱屑薑片，關緊鍋蓋，以急火燒之，一度滾後，改用文火，再度滾時，改以略急之火，約數分鐘，即可起鍋，盛碗上席。

〔附說〕此品不加醬油，爲白湯。若加醬油而又和以糖汁，即爲紅湯魚，其味亦鮮，而較厚膩。

●炸魚片　此以肥大之魚，如青魚鯉魚等，先後切片炸爆後，復加水燒煮而成。其味香而豔。茲述製法如下：

〔料物置備〕　青魚　黃酒　醬油　鹽　葱薑　素油

〔法　則〕（一）青魚約二斤重者一尾，刮鱗破肚後，用刀平刮兩爿，除去肚襠薄肉，復斬下頭尾不用，然後切成三分厚之片，一一放於鉢中，同時以醬油黃酒葱末薑末先後放下，浸之約半日方可。（二）將素油三斤傾入鍋內，以急火燒滾後，改用慢火徐徐燒之，一面取浸酒魚片，逐片投入，時時以漏勺極力拌之，見魚片發露透黃者，先後起出，而濟去其油。（三）魚片炸完後，即以另鍋放下浸魚之原料，並略下清水，加火急燒，至沸之後，仍將魚片放入，無須闗蓋，待百滾時，酌加食鹽，再以慢火燃燒數分鐘，即可起鍋盛盆上席開餐矣。

〔附說〕　炸魚片之魚，須大肉須厚，如用鯽魚切片爆炸，即覺薄弱無味。惟是炸爆小魚者，不必切片，而炸時即行炸煮，不再入水燒煮。食時，撒以椒鹽並蘸蔴油，或酸醋，其味香脆，亦甚可口，為下酒過粥妙饌。

●炒魚麵　此以麵粉調糊，厚塗魚肉，入油炸發後而成。其魚亦須用肥大之魚，如青魚者為佳，味甚香膩。述製法如下：

〔料物置備〕　青魚　黃酒　醬油　葱末　薑末　麵粉　葷油

〔應用器具〕　刀　鉢　漏勺　碗

〔法　則〕　（一）取青魚一尾，照上法處死，切出二爿後，復切成若干片塊，放於鉢中，用醬油黃酒葱薑和入浸漬數小時。（二）取麵粉一杯，倒大碗內，沖入清水，調成薄糊。（三）取葷油二斤，倒入鍋內，以急火燒之，至沸之後，改用慢火，一面拿魚肉一塊，投入麵糊碗內，塗以麵糊，然後放入油鍋中，如此一一完後，用漏勺在油鍋中反覆攪拌，見魚麵發黃透者，先後撈出而瀝乾其油。食時泡入開水，加以頂上醬油，更撒椒末與葱屑，甚覺清香有味。

〔附說〕　此品炸發後，可久貯瓷罐中，臨時泡湯而食，如不泡湯，則蘸椒鹽食之，亦頗有味，可作旅行之饌。

●包風魚　此以鯽魚殺後，先浸鹽水，包紙風乾，蒸燉而成，味甚鮮美。茲述製法如下：

〔料物置備〕鯽魚　食鹽　肥猪肉　花椒　黃酒　白糖　葱末　薑末

〔應用器具〕刀　鉢　白紙　蔴線　碗　鍋架

〔法　則〕（一）取半斤重之鯽魚一尾或數尾，刮鱗剖肚，洗淨之後，放在鉢中以鹽水沖入，停浸過夜，取出吹曬乾燥。（二）以肥猪肉若干兩，切作小粒塊，和食鹽花椒粉少許，以手攪拌均勻，卽行納入魚肚內，然後以白紙包裹，用蔴線輾轉縛住，以魚肚面向上，懸掛通風地方，約半月之後，取下，解去紙包，盛於大碗，和以醬油黃酒，而以黃酒較多，適能浸沒魚體爲度，再加入白糖葱薑諸品，卽移放鍋內鍋架上，沖水關蓋燒之，三透卽熟。

〔附說〕此品宜於冬令，秋夏不行。

●燒魚丸　此以細膩肥嫩之魚肉，打成韲粉，搓作丸子，燒煮而成。其品以鰻魚爲最佳，而普通所用者，大都爲青魚，蓋因鰻不常有也。惟製法二者相同。茲以青魚作例，調製於下：

〔料物置備〕青魚　黃酒　豆粉　蛋白　食鹽　雞汁湯　火腿片　冬筍片　蔴菇

〔應用器具〕 刀 缽 箸 漏勺 碗

〔法　則〕（一）青魚一尾，照上法殺死，洗淨後，剔去魚骨，務要淨盡。再行剝去外皮，然後用刀砍成齏醢，復用刀背搗去渣滓，於是盛於缽中，和入黃酒清水豆粉蛋白食鹽各少許，取箸攪之，使成糜爛之糊。（二）以青水入鍋，燒至溫湯時。乃以左手取缽中魚料，右手食拇二指合爲圈形，將魚料從圈中擠出，成爲丸形，落入溫湯中，如此一一製就之後，俟丸結實時，則以急火燒之，使水開熱，煮至熟，以漏勺撈出，盛碗中待用。（三）取香菇泡湯去脚，洗淨，切作條絲，放入另一鍋內，同時將雞汁湯火腿片冬筍片先後傾投其中，急火燃燒至沸後，乃以魚丸投之，再燒二透，卽可起鍋，盛碗上席，味甚鮮嫩。

〔附說〕如虞剔骨搗渣不淨時，可取山查二粒，研粉，和蛋白攪之，使骨化軟消除。魚丸之肉，以嫩爲佳，故凡魚肉之紋粗老堅韌者，均不可用。

●炸酥魚　此以細骨小魚和雞蛋麵粉拌後入油鍋炸爆而成。質鬆味香，爲過酒上品。茲述其製法如下：

〔料物置備〕 小魚 雞卵 食鹽 黃酒 麵粉 素油

〔應用器具〕 缽 篾籃 箸 鐵絲勺 盆

〔法 則〕 （一）不論何種小魚買來一斤，先倒入缽內，以清水漾之，漂浸三四次，見潔淨後，連水傾入細絲篾籃，瀝乾，乃以指甲捏破魚腹，擠出臟腸，再放入缽中，如此逐漸做完待用。（二）雞蛋四個，破殼入碗，用筷打調後，倒入缽內，同時和以食鹽半兩，黃酒三兩，麵粉二兩，相拌一起，調之使勻。（三）以素油二斤，傾入鍋內，先行燒沸，以箸鉗取麵魚一尾或二尾，逐次入鍋，約若干尾數後，用勺格之，不使黏幷，見四面發黃極透，卽以鐵絲勺撈出，瀝去油汁，放入盆中，俟冷而食，味甚鬆香。

〔附說〕 此品有用水晶蝦剪去鬚足而炸爆者，其味亦佳。惟不能久貯，如以小魚炸成，俟冷後盛罐中，略蓋藏之，可藏十餘日不壞。又有不用蛋白專用麵粉者，亦可，但味較遜。

●製魚鬆 此以肥大魚肉，拆骨去皮，燒焙而成。其味以青魚製成者爲最善。茲述其製法如左：

〔料物置備〕 青魚 黃酒 葱屑 薑片 食鹽 糖 醬油 葷油

〔應用器具〕 刀 碗 布袋 榨牀 鏟刀 鐵罐

〔法　則〕 （一）青魚一尾，刮去魚鱗，破肚取出臟腑，斬頭劈尾後，剖作兩爿，以淸水洗淨，置碗中，入鍋蒸燒，同時和入黃酒葱薑食鹽諸品，見熟之後，拆去魚骨，剝去魚皮，將肉放入布袋中，在榨牀榨乾，待用。（二）取葷油入鍋，徧塗鍋底，以文火燒之，鍋熱之後，卽將榨乾之魚肉，在鍋內攤平，以鏟刀一捺一攪，炒拌，水分將乾時，手段更須迅速，則見纖維漸分，作蓬鬆狀，乃以薑葱醬油白糖蔴油煎成之香汁，逐漸淋入，使之和味，再行炒攪，以乾爲度，卽成魚鬆。起鍋後，待冷，裝入鐵罐，能久藏不壞，應時取食，甚爲可口。

〔附說〕 此品最宜注意者，卽爲火候，只可用文火，不可用急火，而於拆骨一層，亦須小心，務要盡去，不得疏忽絲毫。

● 醃魚鮝　此以各種肥大之魚，去鱗破肚後，用鹽醃成，爲久貯之食品。玆述醃法如左：

〔料物置備〕 鮮魚 食鹽 黃酒 花椒 茴香

〔應用器具〕 缸 石塊 乾荷葉

〔法　則〕將鮮魚若干尾，刮去魚鱗，破肚挖出腸臟，大者去其頭腦。剖作兩爿，而連其背。小者去鰓，而開其背，復以手勒去血汁與雜物，乃以食鹽徧擦其身，內外俱遍，擦就之後平放缸內，而鋪鹽其上，如此一一行之，缸內鹽魚互間，完工之後，淋之黃酒，撒以花椒茴香等物，復以乾荷葉遮蓋其上，而壓以大石一塊，過二十日左右，即可取出，懸掛曬乾，臨時煮食。

〔附說〕魚鯗之中，以黃魚爲最好。以鰻魚鯗爲最甜，煮食時，以豬肉與醬油黃酒燒之。有放湯者，則湯味甚鮮。

〔附西訣〕歐美之魚食，與我國略有異同，鮮魚殺死去鱗除腸後，不浸於水，揩淨置冰上，不與其他物料同置一器中。茲舉其最普通烹飪法數則如次：（一）烚魚法：如取魚肉一塊，以水二誇脫，加鹽一茶匙，醋一匙，入鍋燒之。至滾後，移置爐邊慢熬約十分鐘，即可上席。如欲製一整個之魚，必需一魚罐及一濾器，如煮小塊，即用知斯布包碟於中，即可取出，候魚熟入濾器橫架罐上，而濾清其汁。其整個之魚煮熟後，上席時必取立形，以表美觀。法以紅蘿蔔實於其中，左右亦夾以蘿蔔，而頭部即以知斯布包之，使不損形，全魚用繩紮於濾器蒸之。如魚太大，不容於罐，則二三分煮熟後，上席時乃拼合其裂口，用蒝荽掩遮破損之處，或用檸檬片及煮熟之蛋斬碎之酸果等爲飾品。（二）烘魚：烘魚普通多用鮨者，其量約以五磅重魚需用三個牛奶大餅乾，鹹肉一磅四分之一，鹽二匙，胡椒一茶匙四分一，碎蒝荽半茶匙，麵粉二匙。魚去鱗後，以一匙鹽搓之，加碾碎餅乾并蒝荽，加碎肉一匙，胡椒半匙，鹽半匙，以冷水調之，納塞魚腹，用籤插之。在魚面以刀裂之，深半寸，長二寸，以猪肉切條放於割口，然後將魚放烘盆中，以鹽胡椒麵粉灑上。盆底置以熱水，移入熱爐烘一點鐘，以盤中之汁不時澆之，每次再灑鹽胡椒及麵粉。盆底之水不時加注，每十五分鐘澆一次，烘熟取出置於抹白塔油之白鐵上，輕輕移送盆中上席。其旁注荷蘭台斯汁或番茄汁少許，配以蒝荽爲飾。（三）烤魚：烤魚用鰲魚青魚及其他種種之魚均可，惟以半磅至四磅重者更佳。用雙層能折疊之鐵格烤之，先以白塔油或鹹肉塗抹鐵格，然後將魚放入，以免其黏。烤時須視魚之厚薄，如以二磅重之魚，即烤二十至三十分鐘，先烤內層之肉，後烤魚皮，慎勿烤焦。上席時配白塔油及胡椒鹽，而以蒝荽或青菜爲飾。（四）煎魚：即炸魚，以各種小魚煎炸而成。其法先以小魚洗淨拭乾，以鹽漬之，又以麵粉玉蜀黍粉拌之。每魚四磅，用鹹肉半磅，切條先入鍋煎至捲，魚乃出肉而入，以魚滿鋪於鍋，此面既黃乃及彼面，兩面均黃後，置熱盆中。上席以鹹肉爲飾。

●海參　一名海鼠，又名沙噀，屬棘皮動物。體長五六寸至一尺，圓而軟滑，呈蠕蟲狀；其色青黃褐或赤，背腹異彩，腹面有縱帶紋三，背面有縱帶紋二，棲於海灣等之靜波處。漁者每於二三月時捕獲，捉法先用海狗油滴水面，使水清澈，見有海參，卽入水撈之。其製法先脫腸管法，取出腸胃，洗去腔內沙泥，次乃投入適當之鹽水煮之，掠去水面浮沫，約經一小時，置於罩上，待冷。若內部含水而漲，則以針穿孔，排水，復藉焙爐或日光乾之，乾至八九分，更投入鐵鍋內，貯蓬葉液煮之，約經三四分時，待其色黑取出，又曝於日，使乾，卽得。其種類有瓜參光參海紅虎三種，席上所用者爲瓜參光參。據醫家言，海參之質，甘鹹溫，能降火潤燥，消痰涎，攝小便，壯陽具，益精髓，充血脈，治虛火上炎，大便燥結諸症。茲述其燒法如下：

〔料物置備〕　海參　猪肉　筍乾　葷油　食鹽　醬油　黃酒　肉汁

〔應用器具〕　鉢　刀　鏟刀　碗

〔法　則〕（一）取瓜參若干浸入清水鉢內過一周後，取出，破開其肚，洗滌乾淨，或整個或切片待用。（二）猪肉肥嫩者若干，切成條塊。筍乾浸漲者，取嫩尖切成細絲待用。（三）葷油入鍋，以急火燒之，至極熱時，將瓜參肉塊，一起倒入，用鏟炒攪，約刻鐘，乃取黃酒從鍋邊傾入，即刻關住鍋蓋，燜燒片時後，乃將筍乾食鹽醬油肉汁，先後加入，改用文火燒之，數透以後，見各物稠膩，起鍋盛碗，即可上席。

〔附說〕若用光參，先以炭火燒烹，去其灰質後，再用水浸洗，燒時油水須多，湯水要急，火力宜足，方能調製適合。人謂此品滋補，黏液足敵人參，故名海參。

（乙）甲殼類肉食之製法

蝦肉　蝦屬節肢甲殼類動物。全體分頭胸及腹兩部，背甲為圓筒狀，青黑色，薄而透明，前端有長棘突出，觸角二對，甚長，俗謂之鬚。腹部分數環節，各節下有游泳用之橈腳，雄者小而雌者大，在最末者形特大而為尾。鹹淡兩水中皆產之，產於鹹水及江湖池澤者，體大而色白，殼薄肉滿，氣不腥；生於淡水及溪澗中者，體小而色青，殼厚氣腥，其甲殼由體面分泌之物質凝結而成，漸大必須去其舊殼而換新殼。其肉味美，鮮食與乾食皆宜，有補陽壯陽道及吐風痰之功。以生於淡水河中者爲良，若生於水田溝渠穢澤中或無鬚色白腹下通黑者，不可食。其種類有龍蝦，斑節蝦，長臂蝦，沼蝦，糖蝦，磁蝦等，日常所食者，以長臂蝦及沼蝦爲最多。玆述各蝦體態大略如左。

龍蝦：體長六七寸，棲於多波濤之近海，深六七十尺之巖礁間，晝潛伏，夜匍行，覓食他種甲殼類之動物，冬時漸漸遷徙於温暖之深處。肉白色味美。

斑節蝦：甲殼不厚，色有青黑紅淡褐等，在兩旁及中央有溝三，每環節青藍兩色相交，側緣有紅色細毛，尾環節之中央，有溝。尾部有黑青褐黃等色相錯雜。體長七八寸，棲於波靜之近海深約一二尺處，晝隱伏，入夜出游而覓食。肉味美，多製爲乾品。其種類有赤蝦，明蝦，青蝦，藻蝦，桃蝦，蘆蝦，溝殼蝦，牛蝦，猿蝦，熊蝦，鬚蝦，長臂蝦數種。市上所售之蝦米，大都以赤蝦與青蝦製成。

長臂蝦：一名草蝦，亦省稱蝦，卽尋常食用之一種，屬斑節蝦科。腹部灣曲，體長二三寸。產於鹹淡二水中，在河口等處爲多，爲溫暖地之饒產。海產者棲於沿海之沙底；滿潮時用蚯蚓釣之易得。變種甚多。

沼蝦：稍似長臂。形小，體扁側，甲殼脆薄，殆與肉體皆透明，映於日光，得窺其內臟。鉗腳短，體長二三寸，繁殖於河湖池沼等處。常供食用。茲以日常所歷述蝦肉烹法如次：

●香油蝦　此以長臂蝦或沼蝦，入油炒爆而成；味甚鮮美。茲述其製法於左：

〔料物置備〕　蝦　菜油　黃酒　食鹽　醬油　大蒜頭　葱

〔應用器具〕　缽　剪刀　篾籃　鑊刀　盆

〔法　則〕　（一）取蝦若干、倒入缽內，滿注清水，游浸數時，使吐出泥污及一切穢物。然後一尾一尾撮出，而以剪刀隨剪其鬚與腳及尾殼。（二）取素油放鍋中燒沸，先將大蒜頭劈去外殼，葱切寸長，下油中炒之，隨時將蝦倒入，用鑊刀反覆攪炒，見蝦漸酥並透；進蒜頭與葱枝香味，然後將蝦攪攏鍋之一邊，提鍋瀝出餘油，（或用鑊刀舀出）即以食鹽撒下，並將黃酒醬油同時淋入，再行攪炒之，約數十下，即得。

〔附說〕本法係老炒香油蝦。如欲嫩炒者，見透味時，卽行起鍋。所用醬油，起鍋後，加入蔴油拌食。又人之洗蝦，每在剪去鬚腳後再洗；殊不知蝦經剪後，容易發空，一經洗汰，損失原味不少。

●炒蝦仁

此以蝦去殼，專取其肉炒成；味道鮮嫩而甜，爲筵席上常用菜饌。玆述其製法如左：

〔料物置備〕蝦　猪肉　醬油　陳酒　白糖　食鹽　冬筍　葱、豆粉

〔應用器具〕鉢　剪　碗　鏟刀　盆

〔法　則〕（一）將蝦如上法洗漂後，逐隻用手折斷蝦頭，復從腹下擘開蝦殼，擠出全身蝦肉，放入鍋內，略和豆粉，淋入清水，拌勻待用。（二）先將冬筍切作釘形。葱切爲寸長之段。一面將肥猪肉切絲，入鍋熬煮。見成油而鍋極熱時，卽以冬筍諸物，先後入鍋，略炒之。然後將蝦仁倒下，用鏟刀迅速攪炒，數下之後，隨將食鹽醬油陳酒白糖一一加入，復炒片時，見和物濃膩，卽可起鍋，盛盆上席。

〔附說〕蝦仁和物，種類甚多，而最普通者爲筍與蠶豆。惟蠶豆須在新收時爲美，非但味

佳，色亦極豔。又有將蝦仁和猪肉皮等，照本法入鍋煑爛後，放入冰箱中，結凍成塊後上席，其味清涼鮮美，爲夏間妙饌。

●醉蝦　一名嗆蝦，以活蝦用醋醬油等物，浸漬使醉，而生食者；其味鮮嫩，爲下酒上品。茲述其醉法如下：

〔料物置備〕　蝦　酸醋　醬油　白糖　蔴油　椒粉

〔應用器具〕　鉢　剪刀　大碗　盆

〔法　　則〕　將蝦如『香油蝦』法漂洗，剪鬚去脚後，即將蝦投入醋碗，而蓋以盆，免其跳躍外出，約一刻鐘後，蝦已醉死，即行傾入盆中，將醬油白糖蔴油胡椒粉先後加入，以箸攪拌匀後，即行上席，食之。

〔附說〕　醉蝦拌入醬料後，即須速食；若稍久遠，即起臭腥。有和黃酒不用醋者，味亦美，然清口遠遜於醋。

●燉蝦　此以蝦入碗，隔水蒸燉而成；既清爽，手續又便。茲敍述如下：

〔料物置備〕　蝦　黃酒　醬油　葱段　薑片

〔應用器具〕　缽　碗

〔法　則〕　取蝦若干，盛於缽內，注滿清水，漂洗乾淨後，不去鬚足，以手一尾一尾放入碗中，瀝去餘水，務極乾潔。然後傾入同量之黃酒醬油，及葱段薑片，移置鍋內，沖水閼蓋，以急火燒之二透以後，卽可出鍋，上席。

〔附說〕　此品全蝦之質，不去分毫，甚得眞原之味。

● 煮蝦腦　蝦腦與腹臟，幷在一處，故其腹部環節間，不見腸臟諸物。本品卽取炒蝦仁時遺棄之頭，取其汁而煮之，其味之美，甜而又鮮。玆述其製法於左：

〔料物置備〕　蝦頭　火腿　冬筍　葷油　黃酒　食鹽　蔴油

〔應用器具〕　刀　細洋布一方　碗

〔法　則〕　蝦頭若干，先以刀面搽爛，以細洋布包裹之，用力絞瀝腦汁，滴入碗中；一面將火腿切片，冬筍亦切片，同葷油入鍋，燒以慢火，加入食鹽，用鏟刀略炒數下，加以清水半碗，煮之使沸，然後傾入腦汁。同時和以黃酒，改急火煮之，一沸之後，即可起鍋，盛碗。上席時，淋入蔴油少許，其味極佳。

〔附說〕本品如和以蒓菜煮燒，須略和眞粉，使之稠膩，其味尤好。

●炸蝦餅　此以細小之蝦，剪去鬚足後，用豆粉拌水製揑而成。其味香脆，可作點心，並爲下酒妙品。法如下：

〔料物置備〕青蝦　豆粉　食鹽　素油　醬油

〔應用器具〕鉢　剪刀　碗

〔法　則〕（一）取青蝦若干入鉢，以清水漂洗清楚，再用剪刀剪去一切蝦鬚蝦脚，放入另鉢內，以豆粉和水拌之。揑作圓形，如餅狀，約徑一寸左右，厚三分左右之蝦餅。（二）取素油倒入鍋中，以急火燒滾之後，改用慢火燒之，逐漸將蝦餅一一投入，反覆炒之，見四面黃透後，即可起鍋盛盆，以供餐食。食時蘸以頂好醬油，味甚可口也。

〔附說〕有和入豆粉時，加以葱屑，其味益香。入炸後，火不可太急，以免枯焦。

●蝦蛋包子　此以鮮蝦仁用網油包裹後，入油鍋炸發而成；其味鮮美，爲酒席上常需之品。其製法如下：

〔料物置備〕蝦　猪油　食鹽　黃酒　芡粉　網油　雞蛋　葷油

〔應用器具〕刀　碗　箸　漏勺　大盆

〔法　則〕（一）將蝦照上述炒蝦仁法則，擠出蝦肉，和以猪油食鹽芡粉，共在砧板上以刀斬成糜爛後，盛入碗中，注以少許黃酒，用箸調拌後，乃以網油將蝦仁逐個包成，如龍眼大小之圓球待用。（二）雞蛋若干枚，破殼瀝白，用箸打調後，將蝦球浸入蛋內，滿黏蛋汁。（三）取葷油斤餘，倒入鍋中，以急火燒沸，然後將蝦蛋球投入鍋中，改用慢火爆炸，以漏勺時時格拌之，見四面透黃，卽行盛入盆中，乘暖而食，味甚鬆香。

〔附西訣〕西人蝦食以龍蝦爲上品，茲雜述其食法約略如下：（一）蛤蝦：龍蝦須完全新鮮，其法先掣其尾，能仍復其原者，卽可合用。燴時當視其大小而定，尋常之法，乘活時入沸水中，大者十五分鐘至二十分鐘，小者約十分鐘。（二）製蝦仁：先以龍蝦之尾身相分爲二。取出膏肝等物，切其尾之下部，取其肉，用二指掣其身肉，使離殼，一手推其近頭處，即可取其全身所有直筋及胃皆不可食，其胃近頭保一硬殼中，儲毒物，其爪節當用鎚擊碎取肉，即可上盆，而調以各人隨意之味。（三）烤龍蝦：取龍蝦漂洗後，用快刀直割其背，順其直線割之，或以刀刺其背，再行切開二爿，去其腸胃，即行置烤架上，甲殼向下，以中等火烤之約半小時即可，在半熟之時，抹以白塔油，煮好後，又抹白塔油，鹽，胡椒，用夾鉗開其爪節，立刻上席。（四）烘龍蝦：照上法切開，去其腸胃，以其兩爿置烘盆上，撒入鹽花，胡椒末，白塔油，饅頭屑，置熱爐中烘四十分鐘，烘時燒烊白塔油二次，即可供食，二人視為珍品。（五）龍蝦法西其料物以焓龍蝦肉二杯，牛奶或奶油一杯，白塔油二匙，麵粉一匙，焓硬蛋黃三枚，饅頭屑二匙，鹽一匙，碎莀荽一匙，豆蔻一枚四分一，胡椒花少許，於燒罐中入白塔油一匙，至滾，加一匙麵粉，煮之勿黃，慢加牛奶一杯，調滑，離火加鹽胡椒莀荽搽細之蛋黃，最後加龍蝦肉切成半寸方，調時勿碎其肉，以其殼洗淨使乾，并留其頭其尾中之殼，切去少許，以二分殼合之，因其殼煮時須縮，可先修之，以便上席時入勺取食，其肉之合料入殼中，上再置饅頭屑，用一匙白塔油調濕，入爐數分鐘使黃，如用龍蝦二枚，可開二殼或將二尾部之殼裝成一殼，盛其全部之肉亦可。（六）龍蝦排骨此法之料與法西同，惟細切其肉，調過白汁，然後排水盆中冷之，候成排骨形，醮於蛋中拌於饅頭屑，乃入熱油中罩以密蠟色，如調料候冷而硬。則製成形式較易。製排骨有白鐵之模，如調和料候冷，則用手亦可成之，既成以後，於尖處扦一洞，加一小爪，上席時墊以茶布，並用檸檬莀荽爲飾。（七）阿拉鈕伯龍蝦：此以龍蝦一杯半切一寸方，白塔油一匙，麥的拉或色利酒一杯四分三，牛奶一杯，蛋黃二枚，碎蘑菇一枚，鹽一茶匙四分一，花椒或胡椒少許，然後以白塔油入燒罐，候烊加入蝦肉碎菇鹽胡椒蓋過煑五分鐘，加酒再煑三分鐘，備蛋黃二枚牛奶一杯打勻，加於龍蝦上調動之，使其濃厚，卽可上席。惟此菜不可久候，故須上席時裝之，龍蝦可先熱之，其餘入酒後需時僅五分鐘已足，且不可攪，攪之卽碎，但以鍋鏟之卽可，此味甚佳，且甚易製，但一成卽須上席，否則不佳。

蟹肉　蟹屬甲殼類之節肢動物，頭胸部多扁平而廣闊，腹部小而彎曲，頭胸下胸之甲甚大，其前緣常爲鋸齒狀，眼有長柄，可收納於眼窩，觸角二對，皆短小，口開於胸甲前端，有三對扁平之顎脚覆之，胸肢凡五對，第一對稱曰螯形，大末端爲鉗狀，雄之螯常左右異形，其他四對皆爲步脚，或爲棒狀，亦有稍扁者，末節有爪，腹部分數節，俗稱臍，雄者長小而尖，雌者闊大而圓，臍內又有殘留之腹肢，雄少而雌多，鹹水淡水中皆產之，常穿掘岸旁之泥沙而穴居，或在巖礁石隙處，能步行游泳及潛行，步行時各足互相爬動，橫行甚速，其肢易脫，脫後能復生，故有捕其一肢，卽脫離此肢遁去者，是亦一種保護身體之機能也。

蟹之種類甚多，不勝枚舉，最著名者爲下列數種，玆略述其形態。紅蟹一名赭甲，蟹胸中爲四角形，扁面稍膨起，旁沿平直，闊稍勝於長，前緣比後緣廣闊，背赤色至暗赤，螯鮮紅色，雄者鉗脚右大左小，體闊約一寸，性敏疾善走，鉗脚上常附有吹出之水泡，其種類又有蟚蜞，磯蟹，毛蟹，螃蟹，招潮，蟳奴數種；蟚蜞卽產於海濱之小蟹，磯蟹居於近海之淺瀨沙泥中，體色似沙泥，潮退時每見其羣居海濱，屢豎其眼，觀察四周，有捕之者，卽疾行進入穴中，或卽掘穴而隱伏，穴深達二尺。毛蟹螯上密生細毛，色黑，螯節微紅色，棲於有潮之河岸，張其足闊約二寸。螃蟹體比毛蟹大，頭胸甲殆呈圓形，色青黑，腹白，螯之鉗部有黑褐色毛塊，左右螯大小相等，鉗部有齒，步肢下端生疏毛，九十月間捕而食之，其味甚美。招潮一名望潮，體扁，背部稍隆起甲殼，略爲四邊形，前邊長後邊短，色概暗褐，螯紅褐，雄者左螯大而右螯小，雌者兩螯同大，體闊約一寸，常見於近河口之海濱，穴沙而居，潮未來時，雄之左面大螯，常上下運動，如招潮使來，故名。蠘蟹狀如石榴而扁，背面皆皺裂有疣狀突起，其端尖銳，觸角分歧以護眼，步脚渾圓而長，螯甚長，鉗部較狹而有粒狀齒，胸甲長徑約一尺三寸，螯脚長約四尺五寸，步脚之最長者達三尺六寸，兩螯距離約一丈，爲世界最大之蟹類，棲於沿海距水面八十尋深之泥砂間；又有一種小蠘蟹，甲殼闊約七寸左右，產於沿海泥沙中，其肉比大蠘爲佳。拳蟹頭胸甲爲拳狀，面平滑有光澤，額平鈍，眼球觸角皆微細，腹部雄爲瓢形，雌爲球面狀，步脚四對甚細弱，鉗脚稍大，略有顆粒，鉗短有銳齒，體長八九分，棲暖海沙泥中。蠘蟹一名梭子蟹，頭胸甲左右延長有棘，爲斜方狀，額梢有四齒，體肢皆暗綠，或有白斑，雌者腹部廣寬爲圓形，雄者腹部較狹而銳；大者頭胸甲闊可一尺，常見者約四五寸，穴居於近海沙泥中，其肉味美，可供饌食，五月間多捕獲之。鋸蟹甲殼卵球狀，有頭角一對，側緣有數棘，背面密生疣狀粒或針狀粒，脚圓長，密生微短毛，鉗脚密布大小之棘鉗，長大而平滑，殼長約一寸五六分，棲於近海泥沙中。莢蟹一名荆蟹甲殼前方尖銳爲弧三角形，背面有二條線直溝，體色赤，背面及脚多棘狀突起，頭端有三棘，其旁面列生觸角二對，腹部之環節不明顯，雌者生殖門在第三對脚之末節，殼長七八寸，最大者張其足闊可丈許，棲於遠海之沙底，冬春兩季以網捕獲之，肉味甚美。

醫家論此物外骨內肉，生青熟赤，陰包陽象，功能破血和血，生烹鹽藏糟收酒浸，並爲食中之佳品，得皂角蒜韶粉則不沙，得白芷則黃不散，得葱及五味子同煎則色不變；然能動風，有風疾者不可食，孕婦食之令子橫生，不可合柹及荆芥食，食之發霍亂動風。其有六足者名蛫，四足者名牝螯，小如石者名蚌江，合於蚌腹者名蠣奴，又名蟹奴，能飛者名飛蟹，以及獨目獨螯，兩目相向，腹下有毛，腹中有骨，頭背有星點，足斑目赤者，並有毒，不可食。而所謂「紅蟹」亦以不食爲佳。倘誤食毒蟹而中毒者，其治法有下列數項：一、紫蘇子搗汁，或乾紫蘇煎濃汁，冷服二三碗。二、姜汁煎飲。三、靛青汁或小藍汁服。四、蒜搗汁服。五、薤搗汁服。六、冬瓜煎汁服。七、黑豆煎汁服。八、生藕汁冷服。九、食蟹牙齦肉腫者，用牙皂數條，火上炙焦，泡生地黃汁內，半日取出再燒再泡，三次後焙乾，研末冷透，敷之。

蟹肉之食品，爲應時而生，除上列有毒者不可食外，玆述其烹法數種如次。

●煮鮮蟹　鮮蟹必須取活蟹煮之，其味方佳；若用死蟹，味道旣遜，且恐發毒。玆述其法如下：

〔料物置備〕　蟹　醬油　薑末　酸醋　蒜油

〔應用器具〕　鉢　大盆　碟子

〔法　　則〕　取鮮蟹若干隻，放入清水鉢中，浸漂數小時，使之吐出肚內水汁。見有死者，棄之不用。一面以清水注鍋，先行燒沸，卽將蟹一起倒入，急關鍋蓋，燃燒二透之後，卽可出鍋，盛大盆中，待食上席時，以碟子取醬油最好者，酸醋最酸者，調和之；加入多量之薑末與少許之蒜油，乃取蟹蘸而食之，味甚鮮豔。

〔附說〕　蟹性寒，不可多食，因多食而中傷者，每日有所聞。北人煮蟹時，先將蟹臍挖開，內納蘇子一撮，合下，然後入烹，烹熟後，取出，可抵其寒而解毒。

●炒蟹粉　此以蟹蒸熟後，取其肉和蝦仁等物，炒成；味極鮮美，爲冬日應時上品。述炒法如左：

〔料物置備〕 蟹 蝦仁 雞汁 葷油 醬油 黃酒 白糖 大蒜 蔴油 醋

〔應用器具〕 碗 盆 鏟刀

〔法　則〕（一）取蟹三四隻，如上法浸洗後，放入大碗中，上蓋大盆，移入鍋內，注水，關鍋蓋燒之。水開三四透後，揭視，見蟹殼變紅，則蟹已熟，卽行取出，刈去其殼，拆取肉與黃，盛入另碗待用。（二）取葷油放入另鍋，用急火燒之，至極熱，卽將蟹肉蟹黃蝦仁一同倒入，速取鏟刀亂炒一次。復取雞汁醬油大蒜，先後加入，再燒一透。又加入黃酒白糖，見各味調和之後，淋以蔴油及酸醋，又以鏟刀攪之調勻，卽可起鍋，盛盆中食之。

〔附說〕 蟹粉炒蝦仁，取其鮮味。如用肉絲和炒，味乃肥甜。其有先將蟹和清水燒熟而取食，則蟹味每爲水所浸淡，故不若以碗蒸蝦者之佳。炒時，湯宜緊，火宜急，則可使嫩。

●蟹肉獅子頭 此以蟹肉和猪肉斬糜成圓後，燒煑而成；其味鮮肥，甚爲可口。製法如下：

〔料物置用〕 蟹 猪肉 豆腐 食鹽 黃酒 葷油 大蒜心 醬油 白糖 蔴油

〔應用器具〕 鉢 刀 碗 盆

〔法　則〕（一）蟹數隻，如上法蒸燉，拆肉後待用。（二）取猪肉肥多精少者數兩，用刀刮骨去皮，切成小塊後，攪入豆粉少許，食鹽一撮，然後以刀亂斬，使成肉糜時，卽加入蟹肉，用刀面反覆打拌，務打均勻，乃以手撮取若干，搓成如胡桃大圓子，一一放入盆中，待用。（三）將葷油入鍋，以急火燒沸，卽將圓子逐個投入鍋中，四面煎爆，見發黃色，爆透之後，復盛入盆中，卽取大菜心入鍋炒之，見將脫生時，乃投入圓子，注以淸水半小碗，急行關住鍋蓋，大火燒之，見水氣外騰，霎時揭蓋，乃將醬油食鹽黃酒等，同時加入，再關蓋燒之，二透之後，復加以白糖少許，乃以鏟刀略拌之，卽可起鍋，盛碗上席。上席時，可灑蔴油數滴，以引香味。

〔附說〕此品如加入冬筍煑之，或用猪腦和肉斬爛，尤爲鮮甜爽嫩。有取嫩豆腐斬入而代豆粉者，味亦美。

●蟹麵糊　此以麵粉和蟹作糊後，燒煑而成；以蘇州常熟兩處之菜館最爲有名。茲述其製法如下：

〔料物置備〕蟹　麵粉　葷油　食鹽　黃酒　醬油　白糖　薑末　葱屑

〔應用器具〕 缽 砧板 刀 碗 箸 鏟刀

〔法　則〕 （一）取蟹數隻，如上法洗淨後待用。（二）取麵粉半碗，用清水調之，成爲稍厚之糊。（三）葷油入鍋，先行燒沸。一面乃取蟹豎立砧板上，以刀斬爲兩爿，急將斬開之面，揿入麵粉碗中，厚塗麵糊，即入油爆煎。如此隻隻斬開，塗糊入鍋，以快手行之。（四）見各蟹爆發俱透，即以黃酒傾入，急闔鍋蓋，不使出氣；片時而後，即行揭開，加入醬油白糖再燒之。一透之後，即將所用之麵糊，加注清水，作羹漸漸傾入鍋內，而和以薑末葱屑，用箸攪拌，見已調勻，稠膩適度，即可起鍋，用鏟刀盛置碗中，上席作饌，味甚鮮膩。

〔附說〕 當蟹黏糊入鍋時，須以有糊之面，先着鍋煎爆，以免蟹黃流出。

●醉蟹 此以鮮蟹用醬油食鹽諸品醃成，其味極鮮，爲下酒最好饌物。茲製法如下：

〔料物置備〕 蟹 食鹽 黃酒 醬油 生薑片 胡椒

〔應用器具〕 缸 蔴線 罎 箬葉 布

〔法　則〕 取不大不小之肥蟹若干斤，養在潔淨缸中，使自泳行，藉此洗各種黏附身上之汚穢。過一小時取出，傾去缸水，另放一器，然後將蟹捉出一隻，扳開臍板，納入生薑一片，食鹽少許，用蔴線以四花頭之結法，連足縛住，放入缸中，如此一一紮縛完結後，卽用醬油黃酒胡椒食鹽等灌入缸內，漬浸之數日以後，起出，移裝入罎，略加白糖，乃以布與箬葉封縛罎口，臨席時取食之。

〔附說〕　醉蟹以雌者爲佳，而大者則味不易入；小者又慮不肥；此蟹以蘇州之羊腸蟹與常熟之潭蕩蟹最佳。又醉蟹每易生沙，若醃時先置皂角一寸，或吳茱萸一粒於罎底，則無沙。

〔附西訣〕　歐美人之於蟹食，以五六七八月爲最合時；謂除此四月，蟹體俱輕而瘦也。又於軟殼蟹，亦好食之，時以七八月爲最佳。烹法與龍蝦略同，惟入鍋時先入頭部五分鐘後，加鹽一匙，再燴三十分鐘，乃起出，待冷去殼，去胃及腸腮，然後蘸白塔油，牛奶，奶油，蒝荽，胡椒，檸檬汁而食。其有曰膾蟹者，料物爲蟹半打，牛奶一誇脫，焙硬蛋黃四枚，檸檬半枚，豆蔻一枚，白塔油二匙，麵粉一匙，芥末一點心匙，鹽半茶匙，花椒一茶匙四分一，先以硬蛋黃搽細，調白塔油麵粉芥末，復以牛奶入隔水鍋中，候熱，卽將蛋調和，料調味，上席時，加蟹肉，色利酒一杯，取深盆，其底置薄檸檬數片，將膾蟹倒入。其烹軟殼蟹法，以軟蟹小心洗淨，去其臍及胃腮腸等，晾乾，撒鹽胡椒拌麵粉，入白塔油中煎之，兩面炸黃，旣熟，入熱盃鍋中，油加檸檬汁濾之，上於蟹，又加極細之蒝荽，先蘸於牛奶中，用細饅頭屑蓋過，卽可上席。

●蛤蜊餅　蛤蜊一名吹潮，屬軟體動物之雙殼類。殼形卵圓而臟大，其背緣中央稱曰殼頂，下有鉸合部爲韌帶，是兩殼開合機鈕，殼面淡褐，稍呈輪層，邊緣紫色，殼裏白色，殼長約一寸三分，殼高約一寸，棲於淺海之砂底，產卵在四五月間，此時其生殖器雌者呈淡紅，雄者呈淡黃。其肉味美，可作醬醃，食之能醒酒開胃，發疹及潤五臟，治消渴老癖寒熱諸病。此品烹法，只須取蛤蜊入水浸洗，乾淨後，以開水泡之，卽可上席。食時蘸以醬醋薑末，甚爲有味。茲列其手續較繁者，炕餅法如左：

〔料物置備〕　蛤蜊　葷油　豆粉　酵母　葱

〔應用器具〕　鉢　大碗　刀　砧板　箸　盃

〔法　則〕　（一）將蛤蜊帶殼，放在鉢中，以清水洗淨瀝乾，取一大碗，用刀從殼面鉸合處劈之，挖出蛤肉置於另碗中。挖完之後，將肉放砧板上，以刀剁之，稍碎卽可。帶汁仍置碗中。（二）以豆粉略和酵母，以清水注入，使成稍糊，乃取蛤肉拌之調勻，以後撮取若干，揑成圓式之餅。（三）取葷油入鍋，以急火燒之，鍋極熱後，卽將蛤餅一一放入炕之，見鮮色作深黃，則熟。

〔附說〕　餅入鍋後，須不時反轉，使不枯焦。好香味者，在調粉時，加入葱末少許。

● 燒蚶子　蚶子單名蚶，爲魁蛤之俗稱，一名瓦壟子，屬介殼類，形如心臟，質厚而膨起，左右同形，表面有壟如瓦稜，數約三四十，皆由殼嘴而散射，其殼頂鉸合部，外面有外韌，其面有齒，殼外面淡褐色，內面白色，殼緣爲鋸齒狀，殼長約五分至一二寸，棲於近陸之淺海泥中。肉味脆美，食之健胃溫中益血，消痰化食，散瘀潤五臟，利關節，袪老痰諸症，益人頗多。玆述其肉食如下：

〔料物置備〕　蚶子　醬油　蔴油　薑末

〔應用器具〕　缽　大盆　碟

〔法　則〕　取蚶子若干，先以淸水浸洗缽內，乾淨後，復換水浸二刻鐘。一面注水入鍋，以急火燒滾，卽將蚶子倒入，霎時間卽可取出，陳盛大盆上席。上席前，先以醬油蔴油薑末共入碟內，將蚶子蘸而食之，甚爲鮮嫩。

〔附說〕此品如不入鍋，可用開水泡之，卽熟。若和火腿燒食，湯味極佳。

● 醃蚶 此以泡熟之蚶，用醬油陳酒諸品，共醃而成。味旣可口，且能久貯不壞。茲述製法如左：

〔料物置備〕蚶 醬油 陳酒 食鹽 胡椒

〔應用器具〕鉢 大碗 瓷瓶 油紙 布

〔法　則〕取蚶若干，如上法浸鉢，洗淨後，卽另盛大碗中，以開水泡之，少頃卽熟，乃行傾去熱水，待涼後，一一裝陳瓷瓶內，同時加入醬油陳酒食鹽胡椒諸品，攪蕩使勻，然後以油紙封住瓶口，外包白布一方，以線縛住，過三四天後，卽可隨時取食。

〔附說〕此品包封須嚴密，如稍出氣，卽腥而壞，不可食。

● 燉螺螄 螺螄屬介類，爲輭體硬殼之動物，有旋線，可以宛轉藏伏其體。產淡水中，大如指頭，長者約寸許。殼色黑而細長。春時取而蒸燉，味道鮮美；其質甘而寒，食之瀉熱，明目，醒酒，利二便，胃脘痛痰嗽諸症。惟過淸明後，則其殼生蟲，以不食爲佳。茲述燉品如下：

〔料物置備〕 螺螄 食鹽 醬油 黃酒 菜油 葱 薑 醋 蔴油

〔應用器具〕 鉢 剪刀 大碗 鍋架

〔法　則〕 螺螄一碗，傾入清水鉢內，漾清所有汚泥，換水約二次以上後，用剪刀剪去螺頂，剪後盛於碗內，逐漸剪完盛滿。卽以食鹽醬油黃酒菜油葱末薑片，一并和入移置鍋內鍋架上，注水入鍋，關蓋燒之三透卽熟，可行上席；臨時再加蔴油，喜酸者略加醋。

〔附說〕 漾清水時，如下菜油數滴，使螺螄吸食，不久則復吐出，並能盡吐肚內一切汚穢。

●蒸田螺塞肉　田螺與螺螄，爲同類異種之輭體動物，棲於水田池溝等處，間有在半鹹水中者。其肉可食，味與螺螄大同小異。性雖大寒而無毒，功用亦與螺螄略同。其製食之普通者，亦與螺螄等，惟其體大，因塞肉而製之，爲特別之食品，另有一色風味也。其法如下：

〔料物置備〕 田螺 猪肉 火腿 食鹽 黃酒 胡椒 薑

〔應用器具〕 大碗 鉢 銀針 鍋架

〔法　則〕 （一）取田螺一碗，漾入清水鉢中，下菜油數滴，使之一食一吐，藉以滌淨泥污。數小時後，撈出，仍放碗內，乃以銀針揭開螺厴，挑出螺肉，待用。（二）猪肉數兩，須擇精肥和雜者，先切成小塊。火腿少許，亦作小塊切之。然後將螺肉加入，同時撮上食鹽，並胡椒少許，拌和之後，用刀亂斬極細，使成肉腐而止，取螺殼逐個塞滿，湊厴蓋好，竪放大碗中，乃加入葱薑，拌注醬油黃酒，乃行移置鍋內鍋架上，注水關蓋，急火燒之，三透而後，即可起出，供食。嗜香料者，可於上席時，下以蔴油。

〔附說〕本品可趁燒飯時蒸入，飯熟，此亦熟。如不好胡椒者，可以勿加入肉內。

●煑龜肉　龜爲爬蟲介殼類之脊椎動物，人盡知之；雌者背甲隆凸，雄者即否。其肉味香，爲滋陰之品。其種類甚多，如水龜，山龜，賁龜，攝龜，鴞龜，瘧龜，綠毛龜，髭龜等，肉皆可食，而髭龜之狀，與尋常之龜不同，吻尖，頭頸生毛狀物，產於南美洲者爲多，其肉爲貴重之食品。茲以龜肉之普通煑法，述明如左：

〔料物置備〕龜肉　素油　陳酒　食鹽　醬油　冰糖　葱枝　薑片

〔應用器具〕刀　碗　鏟刀

〔法　則〕（一）龜肉一斤，放入鍋內，和水燒之，至水滾卽取出，小心剝去外膜，再行漂洗潔淨，乃以刀斬成小塊待用。（二）取素油三四兩入鍋，後用急火燒之，燒至極熱，卽將龜肉倒入，任使煎爆，見一面透黃，卽以鏟刀復翻一面，見塊塊煎黃，處處一色時，乃行傾入黃酒，速卽關緊鍋蓋，不使稍稍洩氣，霎時揭開，復加入清水醬油食鹽葱薑諸品，再行關蓋，改用慢火燃燒，不稍間斷，煮半日以上，俟極爛時，取冰糖滲入，加火再燒，過二刻鐘，乃起鍋盛碗上席，味甚鮮肥。

〔附說〕龜肉務趁熱食之，方爲濃厚；若使冷而食，必覺減味。若用泥罐煮之，用炭火燒之，尤爲香味，而且簡便。

㊁燒鼈肉　鼈俗稱甲魚，略似龜，體扁圓，背穹起，爲人所常見者。產於淡水江湖池沼間，晝伏夜出，捕食魚蟲。俗謂鼈有雌無雄，以蛇黿爲配，此說在科學未發達時，言之鑿鑿，惟鼈之雄雌，小者難以分別，至成長時，始可識之。凡雄者背甲後端肢間之中央有尾狀突起，生殖孔爲馬蹄形；雌者背甲無突起，生殖孔爲十字形，其肉多滋養料，味亦美，有補陰益氣之功。茲述其煮法如下。

〔料物置備〕鼈　猪肉　火腿　大蒜　食鹽　醬油

〔應用器具〕刀　布條　箸　鏟刀　缽　碗

〔法　則〕（一）鼈一隻或二隻，以手捉住後身，一面以布條餌其口，使嚙緊而牽出頸項，乃轉手以脚踏住鼈身，以手捏住鼈頭，用力割開喉頸，以箸從刺處插入，直穿其口，不令頸縮入甲殼內，而瀝淨其血，放入缽內，注以開水，將其外膜與爪等刮拔之，乃以刀斬成數塊，待用。（二）將肥猪肉數兩，切片入鍋，以急火燒熱，熬之，見五分一之肉化油後，即以鼈肉塊倒入，待一面熬黃，引鏟翻轉上面，再發黃時，即以清水一碗傾入，關合鍋蓋，以慢火燒之，約一點半鐘後，揭蓋放下火腿之片與大蒜之頭，少加食鹽與醬油，復行關蓋燃燒，一小時，見肉糜爛，方可起鍋，盛碗上席。

〔附說〕鼈肉之味，以淡爲上，放鹽時，不可大意，俗語謂鹹魚淡鼈，人無不表同情也。有拆骨切塊燒之者，其味尤佳，且易下口。

（丙）兩棲類肉食品

田雞　學名蛙，屬脊椎動物，兩棲類。頭部呈三角形，頸部不顯，眼大而有金光，具瞬膜，耳之鼓膜露出，口闊大，顎有細齒，舌分叉，舌根附於下顎，舌尖向喉，能驟然翻出口外，四肢皆有尖爪，前肢小，有四趾，後肢強大，有五趾，趾間張蹼，皮面滑潤，多黏液，體概綠色，有淡灰色斑紋或金線紋，棲於水邊或水中，而喜居陰濕之地。雄者能發聲，同時頰部有叫囊助之，鳴聲喧聒；雌者則否。在田間能捕食害蟲，有益農事，至冬潛伏泥中及落葉下，而為冬眠。肉可食，但因其有益於農，禁人濫捕，而保護之。本書不應列入作食品，惟習俗相沿，在人選擇，以意旨所在，既知之，當有言之，不得不述。其肉食諸法如次：

●炒田雞　此以田雞和各種和物相炒而成，味甚鮮美。茲列其法如下：

〔料物置備〕　田雞　筍片　鹹菜　葷油　食鹽　醬油　黃酒　葱屑　薑片　蔴油

〔應用器具〕　刀　剪刀　籃　箸　碗

〔法　則〕（一）綠色田雞一斤，將逐隻用刀在腹面頸部斬下，而留背面之皮，不得割斷，卽以右手執頭，左手執身，猛力向下撕去，剝脫外皮，再用剪刀剪去脚爪，洗淨之後，放於籃內，待用。（二）筍一根，剝殼切片。鹹菜洗瀏後，切碎之。一面取葷油入鍋，以急火燒之，至極熱時，卽將田雞隻隻放入，見爆煎黃色，乃以箸鉗反上面爆之，下面又黃後，取筍鹹菜和入，略淋清水，闔蓋燒之，數分鐘後，鍋內熱氣向外上騰，揭蓋，略加食鹽醬油及葱屑薑片，復闔蓋以慢火燃燒，俟二透後，復揭蓋淋入黃酒少許，再燜片時，卽可起鍋。上席時，嗜香味者，可淋蔴油數滴，拌食之。

〔附說〕田雞肉，市上有售，擕歸後，洗淨，卽可上鍋。其和物有用毛豆以及他項物品，各人不同，以著者所得，爲筍與鹹菜最鮮味。或和以芡粉者，味雖佳，似太膩，還以不用爲清爽。又有將田雞切塊，與各和物一起盛入大碗，隔水蒸燉者，味亦美，且簡便，惟少減香味耳。

●燻田雞　此以殺死之蛙，爆發熟後，再行燻燃而成。其味香脆，爲出色食品，下酒過粥之妙饌也。法如下：

〔料物置備〕田雞　素油　黃酒　醬油　葱末　薑屑　蔴油　甘草末　茴香末

紅糖

〔應用器具〕刀　剪刀　鉢　鐵絲爊架　磁罐

〔法　則〕（一）將田雞照上法殺死後，放入鉢中，浸以黃酒醬油，并加葱末薑屑，約一小時。（二）取素油入鍋，用急火燒熱，將田雞漸次放下，炸爆兩面透黃，乃起鍋，一一整列放鐵絲架上，而塗以蔴油。（三）甘草末茴香末先後放入乾潔鍋內，移鐵絲爊架置之，關上鍋蓋，然後以草柴在鍋底燃燒，鍋內糖熾未焦，成烟上騰，徧爊蛙肉，見四圍爊透，即可移出，俟涼，裝入罐內，隨時取食。

〔附說〕此品食之開胃。上席時，撒上椒鹽，其味尤香。

●田雞鬆　此以煮熟之田雞，復行焙烘，撕維而成。其味比肉鬆雞鬆尤爲香美。玆製之如下：

〔料物置備〕田雞肉　食鹽　黃酒　醬油　葷油

〔應用器具〕鏟刀　洋鐵罐

〔法　則〕（一）取殺就洗淨之田雞肉若干，放入鍋內，同時加下食鹽黃酒醬油，注水煑熟，取出去骨榨去水分，使乾待用。（二）葷油入鍋，以文火燒熱，卽將田雞肉放入，以鏟刀時時捺之攪之使其肉分出纖維，烘焙至無水氣，見鬆爲度。起鍋俟涼，放入洋鐵罐中，隨時取食。

五 植物菜蔬之各種作法

（甲）根莖葉類

田園中各種菜蔬，所含蛋白澱粉脂肪等營養分，雖無穀類豆類之富，然纖維甚多，能助腸之蠕動，大有通便之效。且其中或含鐵分，或含種種芳香，與刺戟劑，則可清新血液，而助其循環，故爲人生一日不可缺之食品。世人不食肉，猶無礙，若缺田園之菜蔬，則罹壞血病，甚爲危險。

菜蔬種類甚多，而煑菜蔬之法極簡，且以愈簡愈佳。但各種皆須調味配汁，酥而後可食，而其煑燒之時間，須視其新鮮與否爲衡；常有同一蔬菜，因其枯萎，需時一倍，而煑菜入滾鹽水中，不可闕以鍋蓋可保存顏色，煑熟後，當盛陳之久則形色皆變，殊無美觀此爲各種煑菜之祕訣，從事者當留意之。玆以各菜之煑法，逐項述明於次；

● 凊燉白菜　白菜爲菘之俗稱，十字花科，蕓薹屬。有二種，一種莖圓厚，莖扁薄而白，其葉皆淡青白色，燕趙遼陽等處所產者，最肥大而厚，一本有重十餘斤者。南方白菜畦內過冬，北方多入窖內。李時珍謂菘性凌冬晚凋，四時常見，有松之操，故曰松。今人呼白菜者，以其青白也。玆述其燉法如下：

〔料物置備〕大白菜　火腿　鮮肉　鹽

〔應用器具〕刀　大碗　蒸籠

〔法　　則〕（一）白菜一根，剝去外層粗大之葉，切去近根粗硬部分，然後以凊水洗過，用刀切出撒成葉片。（二）取鮮肉數兩，切成兩指大小厚薄之片，鋪入碗底，乃取白菜層層安排，肉片上下，凊水半小碗，加食鹽一撮，復以火腿切片，比鮮肉薄而大小相等，作鱗次式排白菜上，乃移蒸籠，內放凊水鍋中，闕住鍋蓋，以急火蒸燒，見稀爛取出，其味甚鮮。

〔附說〕　燉菜之肉，以火腿爲上，鹹肉風肉次之，鮮肉蝦米又次之，本則用兩肉者，別名金銀蒸。

●紅燒白菜　淸燉白菜，味鮮而甜。紅燒白菜，味濃而厚，各有妙味也。茲述紅燒如下：

〔料物置備〕　白菜　猪肉　猪油　蝦米　醬油　紅糖　鹽

〔應用器具〕　刀　鏟刀　大碗

〔法　則〕　（一）白菜一根，照上法洗淨後，乃以刀將嫩葉切爲細長之塊，約二寸長，一指寬。又將猪肉切爲一寸長，二分寬之條絲。蝦米用溫水泡浸，待用。（二）將猪油倒入鍋中，燒沸，卽將白菜倒入炒軟，加以醬油紅糖食鹽，以鏟反覆攪炒，使葉帶黑帶紅。（三）另以小鍋一口，放入猪肉炒之，見將脫生時，和以蝦米，炒熟取出，倒入菜鍋，再行攪炒數十下，注以肉汁湯，關住鍋蓋，加以大火燒之，須臾卽得。

〔附說〕　此品若以香菇切絲，和蝦米一同和入，其味更佳。

●炒白菜　此以猪油和鹽二物淸炒而成，爲家常最普偏者，其法如下：

〔料物置備〕 白菜　猪油　食鹽

〔應用器具〕 刀　鏟刀　盆

〔法　則〕 白菜一根，擘去外層粗葉，切去近根粗梗，即將所餘之心，橫劈兩刀，直劈兩刀，分作井字形，切之，每塊約一指半大。一面放猪油入鍋，以急火燒之，極熱，即將菜倒入，略炒之後，即加食鹽，然後用鏟刀反覆攪炒，見菜輭半熟時，改以較大之火，再行炒之，不久即熟。起鍋，盛碗而食，別具清爽之味。

〔附說〕 本品油須用足，火力宜大，食鹽不使過鹹，識此三者，炒無不合也。

●醋熘白菜　此和酸醋猪肉相炒而成，味極鮮美，爲菜蔬中第一食品。茲述之如次：

〔料物置備〕 白菜　葷油　猪肉　冬菰　蝦米　筍片　醬油　白糖　酸醋

〔應用器具〕 刀　鏟刀　盆

〔法　則〕 （一）白菜一根，將葉一一擘出，專用菜莖，洗淨之後，切成一寸大小之塊。

（二）冬菰以溫水泡洗，去脚後，每朵分切兩爿，待用。一面取蝦米，以清水浸之，擇出外殼諸雜。

又將猪肉與筍切作同菜大小之片。（三）葷油入鍋，以急火燒熱，然後將上列諸和物倒下，以鏟炒之，約數十下後，乃取白菜傾入，再以鏟反覆炒和，見菜軟半熟時，取醬油白糖酸醋先後沃入，再反覆攪之使之透味。見菜大熟，卽可起鍋，盛入盆中速行進食。

〔附說〕　本品起鍋後，卽須上席，若冷而食之，便覺無味。

● 白菜生　此以香油酸醋諸品，澆漬而成。好之者食之，覺極淸口，另具風味。玆製法如左：

〔料物置備〕　白菜　香油　醬油　酸醋　生薑　辣椒　白糖

〔應用器具〕　大碗　盆　刀

〔法　　則〕　白菜一根，照上法剝去粗硬之葉後。專取其嫩心，橫切數箍，每箍長一寸之數，乃輕輕放大碗內，愼勿劈開。一面將辣椒切爲極細，生薑亦切成末，浸入醬油碗中。將酸醋白糖，同時加入放鍋內隔水蒸燒，見諸物融和，辣椒生薑出汁後，提澆白菜上面，澆盡，漬浸片時，將所澆醬油菜汁泌出再放鍋中蒸之；蒸後復澆入菜上，如此一再澆漬，約四次後，加以香油，拆拌攪勻，移出盛於盆中，爲下粥妙品。夏日食之，尤淸爽，合衞生。

〔附說〕　其有將白菜箍用線縛住，下開水中略略煮熟，取放碗中，然後將醬油加糖，和醋並薑末辣椒調和漬之者，其味亦美。

●炒白菜薹　菜花未開之穗曰薹。以豆油炒之，其味頗美；爲二月間應時菜蔬。茲述其法如下：

〔料物置備〕　白菜薹　豆油　醬油　黃酒

〔應用器具〕　刀　鏟刀　箸　碗

〔法　則〕　取白菜薹半斤，先摘去粗梗與粗葉，留其嫩葉與薹，入清水洗淨，以刀切出寸長。一面以豆油入鍋，燒熱後，卽將菜薹倒入，以鏟刀反覆炒之。俟菜軟，加入醬油，復以鏟刀攪和，見將熟時，卽以黃酒沃入，再以炒刀略炒之，卽可舀出，盛盆中，速進席而食；則香甜翠脆，甚覺可口。如在下醬油時，更加入肉釘蝦米諸品，尤爲美味。

〔附說〕　炒菜薹燒鍋須熱，攪炒宜快，下酒後不可多炒。

芹菜　一作斳菜，屬繖形科，有水旱二種，吾人所食者爲水芹，生於水田濕地等處，爲多年生草。莖有稜，中空，高二尺許，其氣芬芳，葉爲羽狀複葉，互生；小葉片有鋸齒，夏日開花，細白五瓣，爲複繖花序。冬春之交，採其莖供食用，食之有益氣，養精，保血，通腸之效，其有赤色者一種，不可食，茲述其煑法如次：

●（一）炒芹菜　芹菜爲素食之品，炒時葷油不及素油之佳。且不可炒之過熟，略帶生氣，爲上。炒法如下：

〔料物置備〕　芹菜　素油　食鹽　蔴油

〔應用器具〕　刀　鏟刀　碗

〔法　　則〕　芹菜一把，去葉與根，入水洗淨，以刀切成寸斷。一面將素油入鍋，以急火燒之，至極熱時，卽取芹菜放入，同時卽加以食鹽，用鏟亂炒，見將脫生，略淋蔴油，卽可起鍋，盛碗食之，味甚爽脆。

〔附說〕　芹菜下鍋，火力須緊，愛甜者可放白糖少許。

●（二）爊芹菜　此以微乾之菜，先浸蔴醬，而後爊烘；其味香豔，食者好之。烘法如下：

〔料物置備〕　芹菜　醬油　蔴油　紅糖　甘草末　鋸末

〔應用器具〕　缽　鐵絲燻架　刀　碗

〔法　　則〕　芹菜二把，照上法去葉與根，入水洗淨，安置各器，曬日光中，使略乾萎，乃浸入醬油缽內，約二日取出，瀝汁使乾，一面取紅糖甘草末，放入鍋內，上置鐵絲燻架，將芹菜平攤架上，再以鍋蓋關上，然後引火於鍋下燃燒，至鍋熱糖熾，焦灼成煙，燻騰菜莖，見透出鍋，乃以刀切段，盛碗中，拌攪蔴油與醬油，味甚香美，爲下粥最好之饌。

〔附說〕　芹菜燻後，可以久藏。又有將芹菜入清水鍋燒沸，加入食鹽，取出後，復加花椒拌勻，乃置日光中曬乾，可爲攜帶饌品。

蘿蔔　蘿蔔本名萊菔，屬十字花科，種類不一，栽培甚廣。高至三四尺，根圓柱形，白色肥大，多肉。有紅白兩種，葉大羽狀分裂，裂片不整齊。春時莖梢分枝着花，花冠四瓣，淡紫色或白色，根及葉俱可供食，俗所謂蘿蔔，卽其根，而稱其莖與葉曰蘿蔔菜。醫藥家稱其功用，能破氣化痰，消食去熱，補不足，利五臟，理顏色，通關節，寬胸腸。然食之過多，則耗氣滲血，白人鬚髮云。玆述各種調食法如左：

●拌蘿蔔生　此以醋油等物拌入蘿蔔生食者，味極清口，爲下粥之品。其作法如下：

〔料物置備〕　蘿蔔　醬油　酸醋　蔴油　白糖

〔應用器具〕　刀　碗　箸

〔法　則〕　蘿蔔之小個者若干，以清水洗淨，切去根蒂及尖頭，乃以刀背或柄用力椎之，使碎裂（大者切後再椎，）即放入大碗中澆入醬油酸醋蔴油及和白糖，以箸攪拌之，稍醃片時，即得。

〔附說〕　此品以北方所產之鮮紅蘿蔔如荔支大者，最佳。

●蘿蔔燒肉　此以蘿蔔和猪肉凊燒而成，味甚鮮美。其法如下：

〔料物置備〕　蘿蔔　猪肉　食鹽　葱屑

〔應用器具〕　刀　銅匙　大碗

〔法　則〕　鮮猪肉若干，洗淨後用刀切成相當之塊，即下鍋注水，關蓋燒之。一面以蘿蔔洗淨，去皮斬蒂，乃以刀切成照肉大小之塊，候鍋內之水滚時，放入同時並加以食鹽，復行合蓋，以急火燒之二透之後，改用慢火，見二物爛熟後，加入葱屑，即以銅匙盛置碗中，趁熱入席。

〔附說〕此品如加入醬油與白糖，即為紅燒蘿蔔，其味濃膩。而清燒則其味鮮。若和以蝦米，其味更佳。

● 炒蘿蔔屑　此以火腿作和，炒燥而成，味甚香鮮。製法如下：

〔料物置備〕白蘿蔔　猪油　火腿屑　醬油　葱

〔應用器具〕刮鉋　刀　鏟刀　盆

〔法　則〕取白蘿蔔二三個，洗淨去皮後，以刮鉋推出細絲，再切細粒。一面放猪油入鍋，以急火燒熱，即將蘿蔔倒入，引鏟刀炒攪，數炒之下，見將脫生時，以火腿屑加入同炒，見已熟，乃淋入醬油，撒以葱屑，復炒數下，使味道調和，即可盛盆上席。

〔附說〕此品入鍋，火力要大，手續要快。如不用醬油而用食鹽者，謂之清炒，本法乃紅炒也。

〔附西訣〕西人之煮蘿蔔，統勿破皮，全個入罐，注水燒之。如小而嫩者，燒一小時，老而大者，則二三小時。熟後倒於冷水中，再去其皮，以白塔油鹽胡椒調味，上席時，小則整個，大則切片，而所食者，取紅蘿蔔。

芋　芋屬天南星科，種類甚多，有青芋，紫芋，眞芋，旱芋，蔓芋，味芋，君子芋，連禪芋，百果芋，靑邊芋，旁巨芋，車轂芋，雞子芋，九面芋之類。其莖多肉，如塊狀，埋存於地下，含有許多澱粉。葉大略似荷葉而長，一端有大缺刻如短箭狀，有長葉柄，色綠，新秋開花，爲肉穗花序，有巨苞包之。吾人所食者爲芋莖，以青芋紫芋爲最多，食之能寬胃通腸，治煩熱虛勞，宜於冬月時食。歐美諸國食之者甚少，每栽諸盆以供玩賞而已。玆述其製品如次。

● 紅燒芋頭　此以芋之小者，整個燒煮，味頗可口，爲家常普通食品。述之如下：

〔料物置備〕　小芋頭　葷油　食鹽　醬油

〔應用器具〕　竹箸　篾籃　刀　鏟刀　碗

〔法　則〕　小芋頭若干個，用竹箸之有稜角一段，刮去芋皮，放篾籃中，以清水洗淨，乃以刀切作四塊，待用。一面將葷油入鍋，急火燒熱，卽將芋塊傾下，用鏟刀反覆攪炒數下之後，注入適量之水，關住鍋蓋燒燜，約半小時，揭蓋，加入食鹽醬油，再炒數下，復蓋鍋蓋，以煮爛熟時方可起鍋，盛碗上席。

〔附說〕上席時，加入葱屑，雅觀而味香。又當刮皮時，用刀亦可，惟較危險，須小心刮之，不若箸之穩便也。其有在籮內用扻擦皮者，大抵芋量較多，如芋少則易破碎。

●糖芋奶 此以紅糖和芋燒煮而成，味甚甜美。其法如下：

〔料物置備〕芋 紅糖 桂花

〔應用器具〕刀 竹箸 碗

〔法 則〕取芋若干，如上法刮去其皮，洗淨後，切塊，卽行放入鍋中，注以浸滿之水。同時將紅糖和入，乃以急火燃燒，數透之後，改用文火，徐徐燒爛。爛時加入桂花，拌勻後，卽可起鍋供食。

薯蕷 俗稱山芋，多年生蔓草，有野生家種之別。莖皆細長，纏絡他物；葉爲心臟形，有長柄，夏月開花，色淡紅；果實爲蒴，有三翅，堅而無仁。其子別結於一旁，狀似雷丸，大小不一。皮黃肉白，煮食甘滑。地下莖多肉，長者至數尺，人食之，固腸胃，益腎氣，壯筋骨，潤皮毛……等。品以野生色白而堅者爲佳，茲述各種食法如次。

● 煨山芋　此以山芋入灰火中煨煮而成，味甚香美而且簡便。茲述之如下：

〔料物置備〕　山芋

〔應用器具〕　火鉗

〔法　則〕　取山芋數個，刷去外面之泥，撮去鬚根；然後將火鉗撥開灰火，使成一穴，卽將山芋放入。仍以火鉗撥灰壓之，四邊相等，上面撒鋪礱糠，聽其燒去。如此小者約半小時，大者約一小時，便可取出趁熱而食。

〔附說〕　其有削去外皮，用粗濕之紙包裹後，投入炭火中煨之者，其味亦香；又有將大者切塊，小者整個在急烈之炭火上焙烹而食者，其香味略遜於煨，而較爲淸潔。

● 炸山芋片　此以芋片入油鍋，炸爆而成，味頗可口。茲述之如下：

〔料物置備〕　山芋　素油　食鹽　白糖

〔應用器具〕　刀　鏟刀　碗

〔法　則〕　山芋洗淨後，以刀削去外皮，切出薄片，一面取素油入鍋，以火燒沸，即將芋片一一投入，不使相疊，見底面炸透黃時，以鏟刀翻轉上面再炸之，俟兩面均黃結成薄皮，即行取出，盛入碗中，食時蘸食鹽或白糖均可。

〔附說〕　此品用洋白山芋，則烤後韌而且脆，取紅心者更佳。

〔附西訣〕　西人之於薯食，視爲常品，如吾國之對青菜然，其所產者曰洋番薯，烹調形式甚多，茲舉最普通者數則如下：（一）燴洋番薯法：將番薯洗淨削薄片，立即浸水，使不變色，如番薯枯老，則以冷水燒之，如爲新鮮而硬者，則入滾鹽水中慢煮約三十分鐘，至能以籤扦入，立即濾乾，使無滴水在罐中，簸之，使個個露氣，撒鹽少許，以二層布蓋罐，置於爐後數分鐘，蒸去其氣，如此則番薯成爲乾粉，如過滾則恐外皮剝蝕而不美觀，至於新番薯須連皮同燴；（二）搽山薯：山薯照上法致乾，即以原罐搽之，勿冷，用鹽白塔油奶油或牛奶調味，兩物當同加熱，慢慢加入山薯，當用叉或打蛋之器打鬆，使白倒於熱盆上即得；（三）番薯餅：搽餘之番薯，可以爲餅，如每番薯杯半加蛋一枚，同打使鬆，做成餅或成球，拌入麵粉，煎於白塔油之空心模中，用油紙蓋之，置極熱之爐中烘半點鐘，模子中置十分鐘，倒入於盆，其中隨便倒碎肉膾或奶油魚，即可上席；（四）項布甯之製法：以搽洋番薯調味潤濕者二杯，加蛋黃二枚，候冷，輕攪蛋白二枚入之，置於布丁盆，入快爐烘黃即得；（五）洋番薯球：用去皮生番薯刨成球形，入冷水半點鐘，再入鹽水十五分鐘，或使滾軟濾水，以布蓋之，置火爐後，候乾，置茶布上席，其或倒白汁於上，撒蒝荽為飾；（六）洋番薯蛋捲：以煮熟之冷番薯切成骰子形之方粒，置足用之白汁調濕，入煎鍋，加白塔油一匙，候熱，倒入番薯，煎至底黃，倒於平盆，如蛋捲形，即可上席；（七）烤番薯：以番薯去皮，切長片一寸四分一厚，置於中等火，兩面烤黃，每片抹白塔油，入鹽胡椒末，趁熱即上席；（八）有餡番薯：擇大小相同之番薯，洗刷乾淨，烘之，乘熱，每個上切一片，以勺挖肉使出，而不破皮，以挖出者調味搽碎，用牛奶少許打鬆，用搽碎番薯瓤滿薯皮，使其高出皮上少許，每枚置白塔油少許，入爐熱之，見上面烘黃，即可上席；（九）煎番薯：以冷給番薯切片，同白塔油入煎鍋，煎至兩面黃，如拌於麵粉中，則成脆片，成後，立即上席，少遲則不脆。

●醃大頭菜　大頭菜為蕪菁菜之俗稱，十字花科，係蘿蔔之變種。栽培甚廣，根扁圓多肉，葉大，略成羹匙狀，邊有細齒，春日開黃花，根葉俱可供食。能消食下氣，利五臟，解酒毒，和羊肉食最佳。惟多食易作氣脹。其普通煑法，即和清水燒熟，食時略攙蔴油而已，甚簡便也。茲述醃法如下：

〔料物置備〕　大頭菜　食鹽　茴香

〔應用器具〕　刀　缸　石頭　壜　箬殼　布

〔法　則〕　大頭菜若干斤，入水洗淨，用刀在葉根部，直開數片，仍聯綴菜葉不斷，切完後，一一放入缸內，用鹽醃上，乃取石頭一大塊，以清水洗滌乾淨，壓在菜頂，約過一星期後取出，攤開吹曬，略乾，再用茴香椒末諸品，轉醃入壜，用箬殼以布包之，封固壜口，半月而後，即可取食。

〔附說〕　大頭菜菜根甚大，故須切開醃之，易於入味。

●炒菠菜　菠菜即菠薐菜，別稱菠斯草，赤根菜，為藜科植物。栽培甚廣，其種來自西域。葉互生，略如卵形而尖，基部復旁生兩尖，莖高尺餘，花小而黃綠，根色赤而甜。食之利五臟，開胸膈，解酒毒，清腸胃熱火；然食之過多，則令人脚弱，發腰痛，動冷氣，素患腹冷者，不可食。述炒法如下：

〔料物置備〕 菠菜　葷油　醬油　黃酒

〔應用器具〕 刀　鏟刀　大盆

〔法　則〕 菠菜若干，去根洗淨，以刀切一寸之長段。一面將葷油入鍋，急火燒熱，即將菠菜倒入，用鏟刀炒之。菜軟下，入醬油，將酒淋入，一半下鍋，再炒，見熟，再下全酒沃之，即可起鍋。盛盆而食，質軟而甜。

〔附說〕 菠菜煮食，不可過熟。若以湯食，須先將和物如豆腐或其他物品配定，入水燒熟，再將菠菜放入，片時即行盛出：不然，即過熟，覺乏味，若燒掛麵時，和以菠菜，甚爲清口適味。又或以清湯煮軟，即提出用蔴油醬油食鹽酸醋拌勻而食，極爲香鮮。

●炒油菜

油菜爲蕓薹之俗稱，十字花科，二年生草。秋末生苗，塌於地面，翌春抽莖，高三四尺，葉大濃綠色，無葉柄，及托葉，葉身之基部，包圍於莖上，暮春開黃花，果實爲長角，種子可榨油，故稱油菜。此菜功能破血消腫，而患胡臭口齒病膭腳疾者，均忌之。茲述炒法如下：

〔料物置備〕 油菜　腐衣　葷油　食鹽

〔應用器具〕 刀 鏟刀 碗

〔法　則〕 油菜若干，洗淨後，以刀切細，候用。一面傾葷油入鍋，以急火燒熱，卽將油菜倒入，引鏟炒之，見吐水時，取腐衣撕碎和入。同時撒以食鹽，再用鏟刀亂炒，至熟爲度。乃行陳盛碗中，上席而食，味頗清甜。

〔附說〕 油菜炒時，不可注水。其和物隨人所便，惟以腐衣白腐，或百葉諸品，最爲普通。燒時火力宜急，須燒爛熟後起鍋，不然，覺帶苦味。

● 拌馬蘭頭 馬蘭頭，馬蘭草之嫩尖頭，按馬蘭爲菊科，紫菀屬，田野中之芳草也。春日生苗，莖赤；葉爲長卵形，端尖甚粗糙，有大脈三條，鋸齒甚深，人多採以爲蔬。入夏高二三尺，開紫色花，此品清涼；能養新血，破宿血，及諸瘧……之功，其食法最佳，而最普通者爲拌炒。茲述如下：

〔料物置備〕 馬蘭頭 腐干絲 素油 食鹽 蔴油 白糖

〔應用器具〕 細篾籃 刀 鏟刀 箸 盆

〔法　則〕 馬蘭頭若干，洗淨後，先入清水鍋燒之，水開後，焯透一次，卽行取出，盛於篾鹽，更入清水過淸，並以用力擦用力搽，搽出白色之液，再入水淸之，用刀切作細屑，待用。一面將腐干切成細釘，或細粒，倒入素油熱鍋中，用鏟刀炒之片時後，卽以馬蘭頭傾入，用時加下食鹽，再行鏟炒，攪拌均勻後，卽行起鍋，盛盆上席，俟冷而食，臨時淋入蔴油，撒入白糖少許，以箸拌之，卽得。

〔附說〕 此品再入鍋時，火力不宜急，不可燒之過熟，略留生氣，上席須冷入口，方淸爽。

●炒黃芽韭 韭菜屬百合科葱屬，爲多年生草本，高可尺許，地下有鱗莖，葉細長扁平，柔軟多肉。夏日葉間抽無枝花莖，頂端開多數白花，爲繖形花序。羣芳譜謂韭莖名韭白，根名韭黃，花名韭菁。醫家云：此物稟春和之氣，兼得金水木之氣而生，質升屬陽，生則辛濇，熟則甘酸，辛能散血，甘能補中，能助消化，充肺氣，固腎精。然多食則肝腸升發，令人神昏目暗，酒後尤忌，熱病後不可食，春食則香，夏食則臭。五月多食乏氣力。冬月多食易吐宿水，並不可與蜜及牛肉同食，胃虛而噎，心腹有痼疾者，均不宜食。玆述其炒法如下：

〔料物置備〕 黃芽韭　肉絲　綠豆芽　葷油　食鹽

〔應用器具〕　刀　鏟刀　盆

〔法　則〕　黃芽韭若干，先揀去爛者焦者，入清水洗淨，切成寸段。一面將油傾鍋中燒熱，先以肉絲倒入炒之，再將綠豆芽倒入炒之，見兩物半熟時，卽將黃芽韭倒入，再以鏟反覆炒之數下後，加入食鹽並淋醬油少許，以佐味。須臾卽熟，盛盆食之，味甚清香。

〔附說〕　黃芽韭與綠豆芽炒時，火要緊，手要快，燒之不可太熟，略帶生爲佳。

（乙）蓏實類

●煮南瓜　屬葫蘆科，一年生草本，莖蔓性，有卷鬚，葉圓心臟形，五淺裂。夏日葉腋開合瓣單性花，黃色，花後結大漿果，果實之形，有種種，或長或圓或扁圓，以扁圓爲最多，橫徑七八寸，皮外有稜，成數縱溝，其色或黃或綠或紅。經冬收置暖處，可留至春。美國有一種大至數尺而重數十斤。吾國於南瓜多煮食之；美人則生食居多。此品有補中益氣之效，然多食則壅氣滯膈；同羊肉食尤甚。茲述煮法如下：

〔料物置備〕　南瓜　葷油　食鹽　大蒜　蔴油

〔應用器具〕　刀　鏟刀　碗

〔法　則〕　南瓜一個，刮去外皮，再用刀切開，挖淨瓤子，再行切成一寸大小之稜塊。一面取油入鍋，以急火燒熱，卽將南瓜倒入，以鏟略炒之，稍淋清水，關住鍋蓋，以大火燜燒。約一刻時候，揭蓋加入食鹽與大蒜，復關蓋燒之，見爛熟後，起鍋盛大碗中，淋以蔴油少許，卽可上席。

〔附說〕　此品除上外，可切細絲煑食，則時間比塊炒簡省許多。又有將瓜切塊後，入飯鍋蒸熟而食者，味頗香。

●南瓜炸糊　此以瓜拌麵糊，入油鍋炸爆而成，味香而酥，甚爲適口。玆述製法如下：

〔料物置備〕　南瓜　麵粉　食鹽　醬油　素油

〔應用器具〕　刀　鉢　羹匙　鐵絲　絲勺　盆

〔法　則〕　取極老南瓜一個或半個，照上法刮去外皮，挖出內瓤，然後切作細絲。一面將麵粉若干，放入鉢內，注水調成厚糊，同時和入食鹽醬油，瓜絲亦於此時放入，以箸攪拌稠勻。

乃將素油入鍋，以急火燒沸，乃以羹勺滿瓜糊投傾油鍋炸之。如此逐漸投炸完後，見浮起油面，老嫩合宜已熟者先以鐵絲勺撈出，瀝乾油漬，盛於盆中。俟一一炸完，卽行上席，臨時撒入椒末，其味尤佳。

〔附說〕　本品好甜之人，可以白糖桂花和入。鹹者過酒下粥，甜者作閒食。

●紅燒冬瓜

冬瓜亦葫蘆科之蔓草植物，春暮生苗，葉如掌狀分裂，莖葉皆有毛刺，夏日開黃花；結實實爲漿果橢圓形，大者徑尺餘，長二三尺，瓜皮堅厚，嫩時綠色有毛密生；成熟後則其外面分泌白蠟。果實供食用，或用糖浸漬而貯藏之。此物性走而急，爲散毒下氣之品，須經霜者乃佳。若未霜食之，易於反胃，久食令人瘦，陰虛者忌之。茲述其燒法如下：

〔料物置備〕　冬瓜　素油　食鹽　醬油　白糖　蔴油

〔應用器具〕　刀　鏟刀　碗

〔法　則〕　冬瓜一箍，用刀將外皮刮淨，挖出裏內之瓤，切成二指節長二分厚之長方塊。一面取油入鍋，急火燒熱，卽將各瓜傾入，用鏟刀炒之，見四面着油，煎爆已透，乃將食鹽醬油清水同時加入，關住鍋蓋燒之。數透以後，揭蓋，見瓜已爛，卽加入白糖，待味濃膩，卽可起出盛於碗中，上席。

〔附說〕　若用白燒冬瓜，則以清水下鍋，燒沸後將瓜倒入，加鹽少許，卽可。見湯兩沸後，冬瓜卽熟，若和以火腿片或蝦米諸品，味道鮮甜，甚屬可口。

● 燒黃瓜　黃瓜爲胡瓜之俗稱，原出東印度。葉莖略似冬瓜，瓜圍二三寸，長者尺許，色黃綠，皮有痦瘰如疣，老則黃赤色。此物能解熱，利水道；然能動寒熱，損陰血，不宜多食。若天行熱病，及病後，尤宜忌之。其燒法如下：

〔料物置備〕　黃瓜　油　食鹽　醬油　蝦皮

〔應用器具〕　黃瓜刨　刀　碗

〔法　　則〕　黃瓜三四枚，一一以黃瓜刨刨去外皮，以刀切作長稜之塊。一面將油入鍋，急火燒熱，卽將黃瓜倒入，以鏟炒之，注入清水。關蓋燃燒，二透之後，揭蓋，加入食鹽蝦皮，再行關蓋，至熟起鍋，臨時淋入醬油，以引滋味。

〔附說〕凡瓜類如瓠瓜絲瓜等等，以湯煑者，大約均同此法。而和物除蝦皮外，白豆腐亦佳；惟豆腐和入須數透後，方可揭蓋，使之虛發。

〔附西訣〕西人之黃瓜，食者去皮後，長切四條，於鹽水中煑酥。如做白汁，則和奶油而燒，撒碎蔥荽上席。又有用餡者，乃擇同式黃瓜長切二爿，挖出瓤子，用斬碎之雞肉或猪肉同軟饅頭屑相等調味，並用蛋一枚，料湯少許，調濕為餡，上面成圓形，上饅頭屑，入盆中，倒湯料約半寸深，入中等爐烘一點鐘，使軟，如盆水減少，則當加之，小心入熱盆，盆中之汁，用玉黍粉調厚，倒於瓜之旁邊，可盛小盆上食。

●紅燒茄　茄俗名落蘇，茄科品類甚多，栽培園圃，為一年生草本，莖二三尺，葉卵形或橢圓形，互生；花合瓣，花冠紫色。果實大為漿菓，暗紫色，間有呈白色者。其南方以卵圓為常，長圓次之，北方以扁圓為多。醫家謂此物性降而寒，烈多食損人，秋後尤忌。又有一種番茄，白而扁，甘脆不澀，生熟可食。一種紫茄，形紫蒂長，味甘。一種水茄，形長味甘，可以止渴。茲述其燒法如次：

〔料物置備〕茄　油　猪肉　醬油　食鹽　蝦米　黃酒

〔應用器具〕　刀　鏇刀　碗

〔法　則〕　茄若干，洗淨後，一一去蒂，切作兩爿，刳去中間之子，每爿再切爲二，又切爲三角塊形，再洗淨之，待用。又將猪肉切作細釘，蝦米用開水泡透，然後將油倒鍋中燒沸，將切塊之茄，倒入炏之數炒之後，加入猪肉與蝦米，炒之，見稍熟出味，撒以食鹽，和以醬油，再攪炒之，淋入黃酒，片時而後，卽可起鍋，盛盆上席食之。

〔附說〕　燒茄火力要足，鹽味要鹹，好酸者不可用黃酒，以醋代之。又有將茄去蒂後，整個入湯煮熟，或入飯鍋蒸熟，起鍋盛碗，再撕開而取猪油食鹽諸品和入，以箸拌碎之，攪勻上席，味亦可口。

㊃醃香茄

此以番茄切片用鹽醋諸品醃燒而成，味極清爽而鮮，其醃法如下：

〔料物置備〕　番茄　鹽　酸醋　白糖　花椒末　油

〔應用器具〕　刀　缽　盆

〔法　則〕　將番茄切作薄片，放磁缽中，隔層撒以食鹽，至翌日，將鹽水傾出，以酸醋白糖花椒末加入攪拌均勻。一面取火燒鍋，倒入葷油，至鍋燒熱時，卽將番茄及諸和物一起傾入，以鏟炒之見茄軟時，卽得，起出盛於盆中。如當時不食，則待冷後，轉藏瓷瓶內，可貯數日之久。

〔附說〕若再加入芥末，丁香，薑末諸品，而燒之，味尤可口。

〔附西訣〕西人食茄之法，種類頗多。茲述其著者如下列：（一）醃茄子：以茄子切片，去皮，撒鹽，以一盆覆之，將茄子片置其底，再用一碟壓一小時，去其汁，蘸於淡饅頭屑，或蛋麵粉中，入猪油及滴脂中兩面煎之，至透上席。（二）有餡茄子：以茄子焓二十至三十分鐘，使軟而酥，長切爲二，去瓤，勿碎其皮，將原瓤搽碎，以白塔油鹽胡椒調味，再入去皮中，撒已抹白塔油之饅頭屑，入爐烘黃。（三）烘番茄：以番茄去皮，於近頂削一片，去瓤，實以白塔油一塊，或油數滴，撒鹽胡椒末，仍以頂蓋之，撒饅頭屑鹽胡椒，每枚再加白塔油，或油，加饅頭上，入爐烘十五分鐘至二十分鐘，卽得。

㈢炒辣茄　辣茄爲茄類之一種，其種來自荷蘭，本高一二尺，叢生，葉似茄葉而小，夏日開白色花，五出倒垂，如茄花。秋日結實，尖長，儼如禿筆頭，下垂，青綠色，熟時朱紅色，光豔可觀。此實辛苦大熱，有溫中下氣，散寒除濕……之功。惟多食，動風火，發痔瘡及齒痛。凡血虛有火者忌之。又有別種，結實如柹形，或秤錘形，或小如豆，或大如橘，或微尖似柰，或仰生如頂者，均不可食。茲述炒法如下：

〔料物置備〕　青辣茄　豆腐乾　筍尖　毛豆粒　素油　食鹽　醬油　白糖　蔴油

〔應用器具〕　刀　鏟刀　碗

〔法　　則〕　先將辣茄去蒂，用刀剖開，挖出茄子，再切作細絲，放入鍋內，泡以沸水，即將水傾去，以手揑出辣汁，更用冷水漂清瀝乾。一面將豆腐乾切成釘絲，豆粒去殼，筍尖先泡開水，撕絲切斷。然後取油入鍋，以烈火燒熱，即以豆腐乾絲豆爿筍尖先後投入，用鏟刀炒之，數下之後，撒以食鹽，再倒入醬油，並下水少許，再炒三下，見水開時，乃倒入辣茄，稍停，乃撒少許白糖諸品，和膩後，即行起鍋，盛碗上席時，淋以蔴油數滴，食之甚爲清香。

〔附說〕　炒辣茄不能過熟，過熟即軟而不脆。吾人所用之辣醬，即以紅辣茄先用鹽醃熟，再上石磨，和鹽湯牽磨而成。

（附西訣）　西人有有餡辣茄之食品，法以青嫩之辣茄，削去其底，或長切成二爿，去子及筋，浸滾水五分鐘取出，乃用軟饅頭屑，肉膾，鹽，白塔油，洋葱頭汁數滴為餡，塞入辣茄，置烘盆上，置水或料湯約半寸深，於中等爐中烘半小時卽得。

（丙）菓實類

●山查糕　山查卽山樝，薔薇科，落葉灌木，春暮開小白花，秋日果熟，有赤黃二色，實可製糕，以閩省為著名。為破氣消積散瘀化痰之品，專去腥羶油膩之積，凡脾弱食物不化者，每於食後食之，功用甚大。茲述其製法如下：

（料物置備）　山查菓　白糖

（應用器具）　鏇刀　盆　刀

（法　則）　將山查菓若干，一一去其皮與核，先入清水煮略熟，減去酸味，然後撈出，滿拌白糖，再行入鍋，注少許之水同燒。見諸液混和，卽可起出，盛入盆中，俟涼成凍後，乃以最薄之刀，劃成若干方塊，另置他器，隨時取食。

〔附說〕本品別稱炒紅菓。

〔附西訣〕西人謂此品爲山查凍，其製法先取山查洗淨，勿去皮，但去心，切片，見壞處則棄之。用水適蓋其面，慢煮至軟，用知斯布濾取其汁，勿搯捺之，每晚特加糖一磅，將汁傾於蜜餞之罐中，煮五分鐘，加糖調烊，再滾約三十分鐘，倒於大玻璃杯中，蓋密，臨時取食。

㉑炒栗子

栗屬殼汁科，落葉喬木，幹高四五丈，葉如箭鏃，初夏開花，作條，大如筋頭，長四五寸，實有殼斗，甚大，有青黃赤三色，刺如蝟毛，霜降後熟，外有硬殼，紫黑色，食之補腎氣，厚腹胃，爲補益之品，以北產爲佳。小兒食之，不易消化，患風水疾者亦忌之。其大者爲板栗，中心扁子爲楔栗，稍小者爲山栗，山栗之圓而末尖者，爲錐栗，圓小如橡子者爲莘栗，小如手指頂者爲茅栗。炒法均同，述之如左：

〔料物置備〕栗子　砂　淨糖

〔應用器具〕鏟刀　籮　鐵鑊

〔法　則〕將砂傾入大鍋內，以烈火燒之，極熱，卽將栗子淨糖同時入鍋，和砂不停手攪炒之，見攪炒外露者，有爆發之栗，卽可起鍋，放入篩上，俟涼揀出，轉存鐵罐，隨時取食，味甜而香。

〔附說〕將生栗以刀角斬開，入鍋注水燒滾，取出去殼與內面之膜，用以燒雞，最佳。

●炒白菓　白菓樹一名公孫樹，又名銀杏樹，松柏科，落葉喬木。高者達十丈，葉如扇，有缺刻，春日開小花，色白而帶淡綠，秋末結實，霜後肉爛，取核爲果，其核兩頭尖，三稜爲雄，兩稜爲雌。仁嫩時色綠，老則色黃，須雌雄同種，兩樹相望，乃結實，或以雌樹臨水植之，鑿一孔，納雄木一塊於內，泥封其上，亦可結實。此品食之，爲定喘去痰之良品，然多食，則氣脹悶。茲述其炒法如下：

〔料物置備〕白菓　淸水

〔應用器具〕鏟刀　洋鐵罐

〔法　則〕白菓若干，倒入鍋內，同時倒入半量之水，以火燒之，見水乾後，卽以鏟刀彼此攪炒，炒至發爆，焦黃，卽行起鍋，貯於罐中，臨時取食，味道軟凝，頗爲生趣。

〔附說〕　此品須趁熱食之，冷食帶苦。

●炸胡桃仁　胡桃，胡桃落葉喬木，其種來自西域，故名。樹高二三丈，葉爲奇數，羽狀複葉。夏初開花，淡黃綠色，秋間結實，爲青桃。熟後，漚爛皮肉取核，用。中有仁，則吾人所食之肉也。陝西河南諸省，產生最多。其仁能固補肺肝腎，然肺有痰熱，命門火熾者，忌之。述其炒法如下：

〔料物置備〕　胡桃仁　素油　白糖

〔應用器具〕　瓷缽　鏟刀　瓷瓶　盆

〔法　則〕　胡桃仁若干，浸入清水瓷缽內，翌日倒燥，脫去皮膜，吹乾之。取素油入鍋，燒沸，即將胡桃仁投入，以鏟刀時時翻動，炸爆，見仁虛黃發透，即行起鍋，倒入瓷盒上，趁熱拌入白糖，冷時供食。

〔附說〕　欲脫膜迅速，可用開水泡浸，一小時後，即可脫膜。

（丁）豆類

豆為穀類植物，為雙子葉植物中離瓣植物之一科。各地方皆產之，其種類凡四百五十屬。家常所習見者有大豆，小豆，赤豆，綠豆，白豆，櫓豆，豌豆，蠶豆，豇豆，藕豆，刀豆，黎豆，植豆，緬豆，落花生等。其葉除落花生外，皆以三小葉合成，花為蝶形，或紫或白，莢皆結實，或長一二寸，或長尺許。豆類最富於蛋白質，達百分三十七以上，故甚滋養。茲以其製品逐述之如次：

●製醬油 醬油為調味中不可一日缺之物品，大豆白豆豌豆……均可製之。茲述於下：

〔料物置備〕 白豆半斗 小麥粉三斤 食鹽二斤

〔應用器具〕 籚 稻草 缸 箬蓋 罎

〔法　則〕 先以白豆和滿清水，在大鍋中煮之，至極熟極爛，乃起出，盛入缸內，待稍涼後，即以小麥粉和之，攪拌勻淨，移至密室中，倒在籚內，攤平，上鋪稻草一層，經四五日，則豆粉發菌，此謂之麴。於是再裝入缸內，移放日光之下，傾入鹽水，極力攪拌，日夜曬露，陰雨時，以箬蓋蓋上。此後每日拌攪一次，經一月以後，即現黑色，繼續曬露月餘，乃搾去其滓，入鍋溫熱其汁，再曬數日，即為可用之醬油，輕輕倒入罎內。不用者，以箬葉封固之，用者以板包以白紙，蓋住罎口，以免塵污飛入易以發菌。

〔附說〕醬油之成分中，水六四・八三，蛋白質八・四一，澱粉四・五六，糖四・四四，醋酸〇・一六，灰分一四・六六，其富於滋養分可見。故用醬油煮物，較用鹽糖添味者，更合於營養。

●香椿炒豆腐　豆腐市上均有出售，價廉味肥，食者極多，而其和物，亦有千百變化。以著者所見，與香椿和炒，最爲香美，春季之應時品也。茲述如下：

〔料物置備〕豆腐　香椿葉　素油　醬油　蔴油

〔應用器具〕刀　鏟刀　碗

〔法　則〕先以素油入鍋，以急火燒之極熱，卽取豆腐一塊，用手拍碎，入油鍋，用鏟刀攪炒，約數分鐘後，見豆腐略轉色發黃，卽以香椿和下，同時淋入醬油，一并用鏟炒之，見香椿將脫生，卽行起鍋，盛入碗中，外加蔴油，卽可上席。

〔附說〕炒香椿不可過熟，過熟反覺無香氣，按香椿卽椿樹之嫩葉，色紅味香，故名香椿。

此物不能多食，多食動風，而忌與猪肉熱麵同食。

●炒虛豆腐　此以豆腐發虛後和醬薑諸品炒成，味極鮮脆，爲過粥上品。其法如左：

〔料物置備〕　豆腐　醬薑　腐乳汁　醬油　蔴油

〔應用器具〕　刀　籃　鏟刀　碗

〔法　則〕　先以淸水注鍋，關住鍋蓋，以急火燒至百滾，乃以大塊之豆腐若干，一一投入，卽關蓋燒之，約滾三十分鐘而後，揭蓋則見豆腐虛發成蜂窠形，乃取出盛入篾籃，瀝乾水分，切作腐絲。一面將醬薑切絲，並倒去鍋中滾水，揩燥後，倒入素油，仍以急火燒熱，卽以腐絲薑絲先後倒入，用鏟刀炒之，稍停後，將腐乳汁傾下，再用鏟迅速炒拌，見諸物稠勻，卽行起鍋，盛碗，淋以蔴油數滴，可供食矣。

〔附說〕　本品於冬日用凍豆腐炒之，最爲便當。

●炒豆腐乾　此以韭菜和豆腐乾絲炒成，味頗可口。其炒法如下：

〔料物置備〕　豆腐乾　韭菜　油　醬油　黃酒

〔應用器具〕　刀　鏟刀　碗

〔法　則〕　將豆腐乾，切成小條塊，長寸許，大三分，厚分半，用淸水漂洗。復將韭菜洗好，切作寸長待用。一面取葷油或素油倒鍋中燒熱，卽行倒入韭菜，以鏟刀略炒數下，隨倒入豆腐乾，再用鏟刀輕輕撥炒，加上醬油黃酒，須臾卽熟。

〔附說〕　炒豆腐絲，亦與此同。惟絲條須切勻淨，方爲雅觀，若和以薑絲，或香菇諸品，其味尤佳。又南腐乾，南北不同，南方所出者黃色方塊，約寸餘大小，而以產南京者爲最佳；北方則僅一種老豆腐可作片，如腐乾用。

●燒大豆腐、　此品一名會豆腐，味道甚鮮肥。製法如下：

〔料物置備〕　豆腐　葷油　猪肉　食鹽　醬油　冬菰　蝦米　葱段

〔需用器具〕　刀　鏟刀　大碗

〔法　則〕　將豆腐之老者，切作三四分大小之方塊。猪肉切爲細絲，冬菰泡湯後，每朵拍碎三爿。蝦米先以沸水泡浸。一面將葷油倒鍋中，以急火燒熱。以肉絲下鍋，先炒，次下冬菰蝦米，再次方下豆腐用鏟刀輕輕炒之，隨將食鹽醬油加入，少候，汁將收乾，乃加入酌量之水（約半碗，）關住鍋蓋燒煮約十分鐘以內，卽得。將起鍋時，揭蓋加入葱段，略拌一下，卽可盛入碗中，上席而食之，味甚可口。

〔附說〕此品須趁熱食之，冷則潔水無味。

●五香豆　此以蠶豆或白豆，和香料如茴香等燒煮而成，味道淸香，爲下酒過粥妙品。製法如下：

〔料物置備〕白豆　茴香　山芀　食鹽　黃酒　醬油　甘草末　胡椒粉

〔應用器具〕布　鏟　碗

〔法　則〕白豆半斤，以淸水洗淨後，傾入鍋內。一面以潔淨之細布一方，將茴香山芀，包紮於內，同入鍋中，復以淸水入鍋，能滿浸白豆爲度，然後以急火燒之，數滾之後，改用文火，加入食鹽黃酒並醬油，關蓋燜燒。及揭蓋見豆皮生皺，水汁乾時，卽以鏟盛入碗中，復下以甘草末與胡椒粉各少許，搖之使勻，卽可上席。

〔附說〕　此品可曬乾貯瓶而食，尤爲香味。若以醃菜汁和燒，則不須下鹽與醬油，其名爲菜滷豆。曬乾能久貯，可作行旅路菜。

●炒酥豆

此以蠶豆或白豆製成，味香而酥，可過酒，亦作閒食。市上有售之。炒法如下：

〔料物置備〕　白豆　濃鹽水

〔應用器具〕　鉢　粗砂　鑪　篩　鐵鑵

〔法　則〕　先以白豆入清水鉢中，浸過一夜，翌日撈出，吹乾，然後將粗砂入鍋，以急火燒之，至熱後乃以白豆倒入，用鏟刀上下不停炒拌之。見豆發鬆作黃，即以鏟連砂取出，放在篩上篩去粗砂，灑上鹽水，霎時後，即可盛入鐵鑵，臨時取食。

〔附說〕　此品火力，炒白豆與炒蠶豆略有不同。炒蠶豆火力須稍大，白豆則不可過大。

●炸油豆瓣

此以蠶豆去殼，入油鍋炸而成，味極香脆。其法如下：

〔料物置備〕　蠶豆　素油　食鹽

〔應用器具〕　鉢　漏勺　盆

〔法　則〕　先將蠶豆若干，浸入清水缽內，過一夜後，撈出剝去豆殼，復行吹乾，取素油入鍋，卽行燒沸，乃倒入豆瓣，反覆炸爆，見顏色黃透，卽行起鍋，灑入食鹽，方可供食。

〔附說〕　若蠶豆吹乾後，不去殼，以刀直向切出四花，入鍋炸之，卽謂之蘭花豆，凡以素油炸成酥豆，均可照此行之。惟豆粒小者，不去皮爲妥。

● 炒粉皮　此以綠豆粉做成，和鹽菜煮之，味頗可口。其法如下：

〔料物置備〕　粉皮　鹽菜　素油　醬油　糖

〔應用器具〕　刀　鏟刀　碗

〔法　則〕　購粉皮半斤，先以鹽水洗揑二次，除去棉花油氣，然後以刀切成三分闊，二分長之塊片。復取鹽菜洗淡，以刀切碎之。一面取油入鍋，以急火燒至極熱，卽以粉皮倒入鍋中，用鏟炒之，少傾，卽加入鹽菜醬油，再行反覆炒之，見物質稠凝，撒入白糖少許，復炒數下，卽可起鍋，盛碗上席。

〔附說〕　粉皮切碎，和炒各種魚肉，味道甚好。而炒鹽菜，以和雪裏紅爲佳。

(戊)山產中之食品

●搗筍　筍，竹類之嫩幹，各種皆可食，尤以江南竹味爲最佳。或煮食，或醃藏，或乾食，有消痰爽胃，利膈益氣化熱止渴之效。玆述搗筍如下：

〔料物置備〕筍　猪油　醬油　猪肉　蝦米　冬菰　白糖

〔應用器具〕刀　砧板　鐵絲瓢　鏟刀　碗

〔法　則〕筍一根，將殼逐層剝去，切去筍頭粗硬之部，其餘切作一寸長半寸大之塊，放在砧板上，用刀背搗之，使稍炸裂，以便煮時易入味。一面將猪肉切作釘絲，冬菰亦切絲，蝦米用溫水泡浸，然後將猪油倒鍋中燒沸，取筍倒入炒之，用鐵絲瓢在下承住，俟炸到透熱，將瓢帶筍提起，舀出鍋中餘油，另盛一碗，將肉絲冬菰蝦米先後倒入鍋，略炒之，再將筍倒入，攪拌炒勻；又取醬油白糖沃入，再翻攪數十下，俟醬油糖略略收乾，卽可盛碗上席。

〔附說〕若燒靑筍，卽去殼後，切出入鍋，以急火燒之，數透之後，卽可出鍋；以醬油蔴油蘸食，味甚淸爽。

●雪裏紅筍　此以筍和雪裏紅，和炒而成，味甚鮮美。其法如下：

〔料物置備〕筍　雪裏紅　猪油　醬油　豆粉　蔴油　雞肉汁

〔應用器具〕刀　鏟刀　箸　碗

〔法　則〕筍如上法去殼切根後，以刀切成厚不過分，長不過寸，寬僅半寸之片。又將雪裏紅鹹味略略洗淡，以刀切細之。一面將猪油入鍋，燒熱，先下筍片，後下雪裏紅，略炒數下，倒入醬油，同時傾入雞汁或肉汁，關住鍋蓋，煮之。約五分鐘後，開起，沃入豆粉，取鏟刀略炒數下，即可起鍋，陳盛碗中。上席時，加滴蔴油，以引香味。

〔附說〕雪裏紅卽醃芥菜之最好者。若無雞肉汁，則用淸水亦可，惟味較遜。

●香菌肉腐　菌爲菌蕈科，菜類隱花植物，有土菌，松蕈，香蕈，青頭菌等種，爲係通常所見者。發生於多含有機物之土壤，或枯死之樹幹上，其菌絲體錯雜土中，子實挺出，幼稚時爲球形，漸長則爲傘形。其生於乾燥向陽之地，色白或褐，有香氣，折斷曝空氣中，斷面不變色者，無毒，可食。如仰卷及赤色者或叢生溼地色鮮美曝空氣中有青綠褐等色臭味頗烈味苦鹹辛澀者均有毒，不可食玆以肉腐和燒如下：

〔料物置備〕鮮菌　猪肉　醬油　陳酒　葱屑　豆粉　豆腐　筍片

〔應用器具〕刀　盆　碗

〔法　則〕（一）鮮菌數十朵漂洗潔淨摘去菌腳，待用。（二）猪肉精肥相雜者若干，批去肉皮，切作小塊，和以醬油陳酒葱屑豆粉及豆腐少許，同時斬成腐爛，然後取菌兩朵，對合成盒，中嵌肉腐小心放於盆中，若此做成若干，一面注水入鍋，以急火燒至百滾，即將菌盒投入，同時加以筍片，一起關蓋燒之，二透之後，即可成熟。盛碗上席。

〔附說〕此品專與豆腐和燒，味亦頗佳，若照本法製成，尤爲特色，

（己）水產中之食品

●炒茭白　茭白一名菰，禾本科，淺水中多年生草，稱蔬類植物。高五六尺，葉狹長而尖，平行脈，

根部爲鞘。春末生白芽如筍，名菰筍，生熟皆可食，味甘美清脆，食之利腸開胃。然此品滑利而寒，益處少而害處多，不宜多食。炒法如左：

〔料物置備〕　茭白　油　猪肉　食鹽　醬油

〔應用器具〕　刀　鏟刀　碗

〔法　則〕　取茭白數枝，去殼，洗淨，將刀切成薄長之片，復將猪肉切塊後，再切薄之，約長一寸，薄二分，寬五分。然後取油入鍋，以急火燒之，極熱。先以猪肉投入炒之，見將脫生時，乃以茭白和入，而撒以食鹽，淋以醬油、黃酒，及少許之水，闔蓋燒之，數分鐘後，卽可起鍋，盛入碗中上席。

〔附說〕　茭白若未切時，宜置水中，不然，甚易老。

●藕肉片　藕卽荷花之根，生食性寒，熟食性溫。茲述本法之製品如下：

〔料物置備〕　藕　精肉　麵粉　葷油　醬油

〔應用器具〕　刀　碗　盆

〔法　　則〕　取藕數段，洗淨後，切作三二分厚之片，而棄其節。復將精肉若干，切成小塊後，略和白糖葱末，用刀斬之，極爛而止。又以麵粉於碗中注水，調成較厚糊漿，一面將葷油入鍋，以急火燒滾之，乃取藕片逐片塞入肉腐，投浸糊漿後，卽行投入油鍋中，見黃透者，先行取出，盛入瓷盆，上席食時，蘸以醬油，味極淸酥。

● 炒糖藕　此以白糖和藕，炒爆而成，述之如下：

〔料物置備〕　藕　白糖　花生油

〔應用器具〕　刀　鏟刀　碗

〔法　　則〕　取藕洗淨，斬節去皮，再以刀切碎之，然後以花生油入鍋，以烈火燒熱，下入白糖，用鏟輕輕炒捺，見糖汕融合一起，然後將藕傾入，以鏟刀迅速攪炒，霎時以後，卽行起鍋，食之，極爲甜美。

〔附說〕　此品鏟炒，手段最宜快，稍遲則必黏鍋，多礙，焦嫩不勻，藕碎亦以愈細爲佳。

● 糯米藕　此以糯米塞入藕段，湯煮而成，製法如下：

〔料物置備〕 藕　糯米　芡實　白糖　醬油

〔應用器具〕 刀　鉢　竹簽　盆

〔法　則〕 取藕數枝，以刀切斷藕節當中，兩頭均留節面，又以刀刮去外皮，洗淨之。復以刀切其一端之片，如蓋形，然後以浸透洗淨之糯米和芡實，納入藕孔，見將滿時，乃以所切之藕片合之，取竹簽戳入使不脫落。如此一一做完後，乃橫置鍋中，注以浸滿之水，燃火燒之，見水沸後，乃改慢火，關上鍋蓋。徐徐燜燒，約一小時後，則藕米俱爛，即行小心取出，拔去竹簽，用刀切成三分厚之片，盛盆上席，席上備白糖醬油二碟，隨所好而蘸食之，味甜美。

〔附說〕 此品所用之藕，須取老而大者。

六　湯類舉要

●肉絲榨菜湯　此以肉絲和榨菜燒煮而成，味極鮮美。製法如下：

〔料物置備〕 精肉　榨菜　醬油　食鹽　雞汁

〔應用器具〕 刀　大碗

〔法　則〕 精肉若干，以刀切成寸半長方塊，再批作二分厚之薄片，復橫絲切出二分粗之條釘。又取榨菜洗過，切成等肉絲大小之絲。一面以清水入鍋，以急火燒滾，先以肉絲放入，霎時後，再放榨菜，關蓋燒之，片時揭蓋，加入食鹽，淋入雞汁，再燒片時，即可盛碗，上席。

〔附說〕 此品如和雞蛋，鹹菜，白菜，冬筍，火腿……等，則名稱亦隨之而變，味道均極可口。

●川肉湯 此以肉片拌豆粉後，以雞汁燒煮而成，其味濃膩鮮美。茲述之如下：

〔料物置備〕 精肉　清豆腐　冬筍片　火腿片　豆苗頭　蔴油　醬油

〔應用器具〕 刀　鹽　大碗　鏟瓢

〔法　則〕 取肉洗淨，瀝乾，辨明肉紋之橫直，切斷橫紋爲片，愈薄愈佳。將豆粉另倒一盆，以肉片反覆拌之，使片片均黏薄粉。乃取雞汁一大碗，倒鍋中燒沸，取冬筍片火腿片等放入，再取醬油倒入攪勻，俟湯百沸，然後將肉片盡行倒下，用箸分撥，使勿黏併。再將豆苗加入，即用鏟瓢連湯帶肉盛入大碗中，滴蔴油數滴，進食。

〔附說〕 此品若無雞汁，即肉汁亦可。

● 腰腦湯 此以猪腦和猪腰燒煮而成，茲述如下：

〔料物置備〕 猪腰 猪腦 食鹽 醬油 陳酒 葱

〔應用器具〕 刀 竹筌 大碗 鏟瓢

〔法　則〕 （一）取猪腰一隻，即浸入冷水內，剝去其皮，用刀破作二爿，批去其中白筋，乃以刀在腰面横劃無數紋路，再逆切成開花形，用酒浸過，漂去血水。（二）猪腦一付，浸入清水碗中，用竹筌捲去血筋。（三）清水一小碗，注入鍋底，燒滾，先將醬油黃酒放入，燒至大滾時，即將腰腦先後投入，一透之後，即可起鍋，以鏟瓢盛入碗中，加葱進食，味極鮮嫩。

〔附說〕 此品如以干貝火腿或大蝦和入，味尤鮮美。其有將各物和好後，入鍋隔水蒸之者，味亦甚佳。

● 鴨腦湯 此以鴨腦與火腿諸物，和雞湯燒成。其法如下：

〔料物置備〕鴨頭　火腿　香菌　雞汁　食鹽　醬油　陳酒

〔應用器具〕刀

〔法　則〕（一）取鴨頭十數個，一一敲破腦蓋，小心取出腦子。（二）將火腿切成寸長方之片。香菌泡浸沸水，去脚後，以刀切成絲。（三）取雞汁入鍋，以火燒滾，卽將鴨腦火腿香菌一起倒入再行燒煑。一透之後，加入食鹽醬油二透之後，淋以少許陳酒，卽行起鍋，盛碗上席，味極清美。

〔附說〕此品若以鮮腦燒之，味更鮮甜。所有鴨頭，可在熟貨店購之。

●蛋絲湯

此以雞蛋或鴨蛋破殼後，注水打調，極和而煑成，味甚鮮美。玆述之如下：

〔料物置備〕雞蛋　猪油　醬油　食鹽　酸醋　蝦米　胡椒粉

〔應用器具〕箸　碗　鏟瓢

〔法　則〕（一）雞蛋破殼，倒入碗中，用箸將蛋夾爲數塊，帶挑帶打，數十下，見蛋白蛋黃渾融一色。再取清水半小碗滲入，復用箸極力打調，使蛋與水渾合一色。（二）鍋中下水大半碗，先放入蝦米猪油食鹽，以急火燒滾，改用慢火再燒，乃取箸一根，靠在盛蛋之碗上面，露出箸頭一寸，將鍋提起，按住不動，使碗中之蛋，由箸頭徐徐瀉向鍋中，周圍數轉，蛋汁瀉完，急用箸左旋隨攪隨揚之，則見蛋細如絲，無黏皮結塊之病。最後將酸醋加入，用鏟瓢再攪數下，舀盛碗中，撒入椒粉，卽可上席。

〔附說〕 此品如以雞肉汁燒之，則可不用猪油與清水，而味尤佳。如和以肉絲火腿干貝或鹹菜霉乾菜等，均極有味。

●干貝湯 此以干貝和冬菰諸物，以雞汁燒成，味道鮮豔，爲酒席上最普通之品。茲述調法如下：

〔料物置備〕 干貝 雞肉 冬菰 筍 雞汁 鹽

〔應用器具〕 刀 碗 鏟瓢

〔法　則〕 （一）先以干貝和陳酒置鍋中，隔水蒸熟後，撕出待用。將雞肉熟者一塊，以手撕碎作條絲，復將冬菰泡以沸水，浸洗若干時，去腳，切絲，候用。（二）取雞汁入鍋，卽行燒煮，待湯沸騰時，卽取干貝雞肉冬菰筍絲等，一同倒入，並加以食鹽，乃行合蓋燒之。二透後，卽可起鍋，盛碗上席。如好酸味者，可少淋酸醋，味亦甚鮮。

〔附說〕 本法加鹽，謂之白燒，如再和以醬油，則爲紅燒。紅燒味濃，白燒味淸，均各得其趣味。

●燉蝦湯 此以青蝦與各和物，淸燉而成，味道鮮肥，爲簡便常菜。玆述之如下：

〔料物置備〕 青蝦 猪肉 筍絲 醬油 陳酒 蔴油 胡椒

〔應用器具〕 刀 剪刀 大碗

〔法 則〕 將青蝦若干尾，以剪刀剪去鬚芒。猪肉數兩，切成細釘。然後取大碗一口，先以筍絲放下，再放猪肉，後放青蝦，又加入醬油黃酒約半碗，再用淸水或湯汁注滿，卽行移入淸水鍋內或飯鍋內燒之，一透之後，卽可起鍋。若燉飯上，卽隨飯熟而出之。滴入蔴油數點，胡椒少許，以引香味，則更爲添色。

〔附說〕 本品有和以豆瓣或豆腐者，味道亦好。

●豆瓣湯　此以蠶豆瓣蒸燉而成，味甚清口。法如下：

〔料物置備〕　蠶豆　食鹽　醬油　猪油　蔴油

〔應用器具〕　碗

〔法　則〕　先以蠶豆入碗內，以清水注入浸一夜後，剝去豆皮後，傾入另碗中。同時加入食鹽一撮，醬油少許，猪油一羹匙，然後注滿清水，即行置於清水鍋中，以急火關蓋燒之。三透而後，即可起鍋，淋入蔴油上席。

〔附說〕　此品若不用清水，單用醬油猪油，亦極鮮味。

●橘肉湯　此以橘肉和白糖泡煮而成，味極清爽。製法如下：

〔料物置備〕　橘子　白糖

〔應用器具〕　碗　匙

〔法　則〕　取福橘或廣橘三隻，先剝去外皮，復小心撕去內皮，棄去核子，取其肉，不使破碎，放入碗內。同時加以白糖，即用開水泡上，即得。

〔附說〕　此品宜於酒後取食，好酸味者，可略加酸醋，則更清美。於夏日食之，尤合衞生。

〔附西訣〕　西人以湯爲最補益之品，式樣甚多，自淸湯以至各種濃湯，及其可代饌品者，不勝枚舉。故於廚中每備有專煮各湯之罐也。茲述其大意如次：（一）黃料湯：此以數種料汁所成，普通者爲牛肉，小羊，雞鴨。（二）白料湯：如以小牛及雞合成料湯，用洋葱頭芹菜白胡椒鹽等，初無上色之色，卽爲白料湯。（三）牛奶湯：此湯不用料湯成之，其底汁用恰蔬菜，以篩或隔器斬成泥醬，再用奶油牛奶調味。（四）湯肉之選擇：做湯之肉，在猪肉中，以腿肉下之腱肉及前脛肉，或牛脛肉，小牛之膝肉等，並在近骨部分者爲多。（五）汁料之配置：如肉一磅，用淸水一誇脫，每水四誇脫，則用中等大小之蔬菜一個，芹菜二莖，香草一紮，桂葉一塊，胡椒十二粒，丁香六枚，茴香一莖。此西人湯食之略訣，其種類卽隨在而異也。

書名：家常衛生烹調指南
系列：心一堂 • 飲食文化經典文庫
原著：心一堂編
主編 • 責任編輯：陳劍聰

出版：心一堂有限公司
通訊地址：香港九龍旺角彌敦道六一〇號荷李活商業中心十八樓〇五一〇六室
深港讀者服務中心：中國深圳市羅湖區立新路六號羅湖商業大厦負一層〇〇八室
電話號碼：(852) 67150840
網址：publish.sunyata.cc
淘宝店地址：https://shop210782774.taobao.com
微店地址：　https://weidian.com/s/1212826297
臉書：　　　https://www.facebook.com/sunyatabook
讀者論壇：　http://bbs.sunyata.cc

香港發行：香港聯合書刊物流有限公司
地址：香港新界大埔汀麗路36號中華商務印刷大廈3樓
電話號碼：(852) 2150-2100
傳真號碼：(852) 2407-3062
電郵：info@suplogistics.com.hk

台灣發行：秀威資訊科技股份有限公司
地址：台灣台北市內湖區瑞光路七十六巷六十五號一樓
電話號碼：+886-2-2796-3638
傳真號碼：+886-2-2796-1377
網絡書店：www.bodbooks.com.tw
心一堂台灣國家書店讀者服務中心：
地址：台灣台北市中山區松江路二〇九號1樓
電話號碼：+886-2-2518-0207
傳真號碼：+886-2-2518-0778
網址：http://www.govbooks.com.tw

中國大陸發行　零售：深圳心一堂文化傳播有限公司
深圳地址：深圳市羅湖區立新路六號羅湖商業大厦負一層008室
電話號碼：(86)0755-82224934

版次：二零一四年十二月初版，平裝

心一堂微店二維碼　　心一堂淘寶店二維碼

定價：
港幣　九十八元正
人民幣　九十八元正
新台幣　三百八十元正

國際書號 ISBN 978-988-8316-05-2